宋朝的四季餐桌

復刻 60 多道時令美饌
還原千年前家常滋味

初邱、涯涯 ㊔

積木文化

復刻宋菜，我會盡量對照古籍、文獻去琢磨材料和做法，這主要源自內心對宋代味道的好奇：宋代人愛的味道到底有何特色？一個時代的味道到底是什麼樣的？

——初邱

在七月西湖橋頭尋蓮蓬，或是初春去臨安山頭挖筍蕨，又或是趕花朝節煮上一壺百花香茶……說是復刻宋代美食，倒不如說是借著對美食的讚譽，來窺得四季、自然、世間與自己的關係。

——涯涯

序一

初邱是一名美食部落客，但她與其他美食部落客有一個標誌性的不同點，那就是她專注於宋代美食的復刻。

宋代可謂是「吃貨」的黃金時代，煎、烤、炸、炒、煮、蒸等烹飪手法在宋代已經成熟。同一種食材，可炒可煎，可蒸可煮，可油炸，可醃漬，可生吃。不同的烹飪手法，可以做出不同的美食，呈現出不同的風味。宋代的城市裡到處都是食店飯館，一般的大排檔都可以提供多種多樣的菜品，高檔一點的飯店，更是以豐盛的菜餚吸引食客，有熱菜，有涼菜，還有冰鎮的冷菜，菜品豐富，「不許一味有缺」，任食客挑選。宋人筆記中也留下了不少宋代美食的菜單，比如《武林舊事》就收錄有南宋紹興二十一年（西元1151年）張俊宴請宋高宗的菜單，其中正菜有30道，分別是：花炊鵪子、荔枝白腰子、奶房簽、三脆羹、羊舌簽、萌芽肚肱、肫掌簽、鵪子羹、肚肱膾、鴛鴦炸肚、沙魚膾、炒沙魚襯湯、鱔魚炒鱟、鵝肫掌湯齏、螃蟹釀橙、奶房玉蕊羹、鮮蝦蹄子膾、南炒鱔、洗手蟹、鯚魚（鱖魚）假蛤蜊、五珍膾、螃蟹清羹、鵪子水晶膾、豬肚假江珧、蝦橙膾、蝦魚湯齏、水母膾、二色繭兒羹、蛤蜊生、血粉羹。

這份菜單，光看名字就令人垂涎欲滴。可惜由於史料的匱乏，我們只知道宋代美食的名單，卻不清楚這些美食如何烹飪。這種情況下，初邱的宋代美食復刻的意義就凸顯出來了。

初邱不僅熟悉宋代美食文化，廚藝也十分了得，如果生活在宋代，就是百分百的頂級廚娘。她復刻宋代美食的態度是認真、嚴謹的。幾年前，她與央視合作，復刻一桌宋代的年夜飯，恰好我受邀擔任那次復刻活動的顧問，因此便與初邱認識。

她每復刻一道宋菜之前，都會先搜羅相關的文獻，也會請我幫忙提供一些相關史料，解答一些疑問，以求所復刻菜品的食材、名稱都符合宋代的生活實際。

那一次，初邱復刻的只是一桌宋代的年夜飯，不想幾年過去，初邱對宋代美食的復刻成果已可以結集出一本書了。我看了作者自序、目錄與樣章之後，由衷地認為這是本值得推薦的好書。

初邱從日常積累的1300多道宋食中，精選出60餘道美食進行復刻，在書中將其按宋人的節令習俗進行排序，以春節開篇，冬至結尾。全書圖文並茂，文字優美，配圖精緻，對宋人的生活習俗、美食文化做了生動呈現，而且介紹了每一道宋代美食的食材與復刻過程，讓讀者不但可以通過圖文感受宋代的生活之美，還可以自己動手製作，親口嘗一嘗宋代的味道。

需要特別提醒讀者朋友的是，古代由於科技不發達，飲食中可能會用到一些副作用比較大的材料，比如明礬，宋人常用它來給食物保鮮、優化口感，但今天我們知道，明礬有毒，今人復刻宋菜，當然不必拘泥於古法，非要使用明礬。又如宋人製作屠蘇酒，會用到一味中藥——烏頭，但烏頭毒性很大，不可盲目應用。

我對宋代美食的復刻、宋代文化的復興都持一種態度：不要食古不化，不要一味追求復古，而應當將傳統與現代社會的時尚、科學相融合，推陳出新。

吳鈞

序二

初邱大概是在2019年開始做宋菜的，當時她的技藝還不像如今這麼嫻熟，對照著不同版本的文獻一個字一個字地琢磨材料和做法，一道菜要做上好幾天。

有一次我去拜訪她的時候，她正在做一道叫「蓮房魚包」的菜，桌上散落著不少蓮子，應是做廢了好幾個蓮蓬。這道菜是要把鱖魚做成蓮子的形狀放進蓮蓬，遠遠看去蓮蓬像新摘的一般完好無損，但內裡卻已是鮮嫩魚肉。

初邱邀我和她一起去補一些食材。於是在梅雨季偶有陽光的下午，我們來到西湖邊孤山前的小橋旁，在接天蓮葉、映日荷花中尋找食材。

與其說我們是為了找食材，不如說是來找這道菜的來由。

幾乎每一位到過西湖的詩人都為身處這蓮花美景吟唱過。「荷花開後西湖好，載酒來時……畫船撐入花深處，香泛金卮。煙雨微微。一片笙歌醉裡歸」說的正是這個時候。

湖邊佇立的我們不用「誤入藕花深處」，只用在橋頭定睛片刻，就能收穫「蓮葉何田田，魚戲蓮葉間」的體驗。當然這裡要特別說明，西湖的蓮蓬、荷花是禁止採摘的，但湖邊賣蓮蓬的大娘定是有不少新鮮好貨的。

詩人的話道出意境，畫家的筆溢出韻味，本該「遠庖廚」的宋代士人們說且慢，心靈意緒既是我追求的，五感慾望與生活末節緊密相連，美食自當非常重要，與詩詞歌賦一樣，可寄情，可格物，可表明心跡。

宋人像作詩一樣做菜，身處這美景時忍不住讚美，於是便巧奪天工般把繞蓮葉嬉戲的鱖魚化進蓮蓬，取其蓮形予其「魚化成龍」之美意，「以酒、醬、香料和魚塊實其內，以底坐甑內蒸熟，再輔以『漁父三鮮』（蓮、菊、菱湯）」，以此法烹製出的魚味鮮肉嫩，少有腥羶，唇齒伴有蓮香，美之至也。

如此精緻又有雅興，如我之凡人竟也能嘗上一口「魚戲蓮葉化成龍」。本是帶著要好好感受內涵意境的心態品味這道菜，卻被味覺搶了先。也不知人們的味覺千年來有何進化之處，古人遵「自然之法」「和味之道」調出的菜餚，依然能得到味蕾快樂的回應。

比起宏大的理想和外部的功業，宋代士人更關注自我，更關注精神生活，這倒是與當下人們的理想契合不已，無怪乎近年人們都愛極了宋代。

但更為直接的原因是，當人回歸到生活主題，留下的文化便變得鮮活又觸手可及。

人的需求與千年前的相比，有多大的變化呢？吃、穿、住、行、健康、愛人而已。

在七月西湖橋頭尋蓮蓬，或是初春去臨安山頭挖筍蕨，又或是趕花朝節煮上一壺百花香茶……說是復刻宋代美食，倒不如說是借著對美食的讚譽，來窺得四季、自然、世間與自己的關係。

一位學者的話和初邱一樣打動我，他說，讀歷史是「生命與生命之照面」的過程：古人以真實生命來表現，我以真實生命來契合，則一切是活的，是親切的，是不隔的。

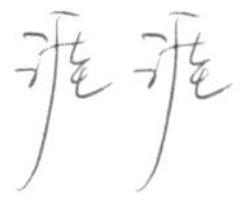

序三

我自幼生長在山村，雖物質匱乏，但母親的巧手總能將隨手可得的食物幻化成美味，這便造就了我挑剔的味蕾和熱愛美食的心。山村是真的寧靜，王維詩中「明月松間照，清泉石上流」是我經常能看到的情境；竹林盡頭，老土木房升騰的炊煙，總使我忍不住遐想曲徑通幽的另一端是否有桃花源。

大學畢業後，我雖旅居過多個城市，但對美食和山水田園的追求，一直深埋於心。

直至2018年抵達杭州，我為此處的宋風遺韻及江南水鄉情調沉醉。2020年，在一次參觀杭幫菜博物館時，我更是被其中的宋代美食打動，蓮房魚包、蟹釀橙等美食不僅精緻，背後的典故更是動人。我忍不住好奇：這到底是什麼「神仙」味道？後又從徑山寺瞭解到點茶宴，我發現精妙的點茶技藝，讓喝茶變成了一件充滿雅趣之事。

我遂著手去翻閱一些宋代的美食典籍。

我在南宋文人林洪所著的《山家清供》中，彷彿看到了宋代文人雅士的美食天地。他筆下的筍蕨餛飩，只有坐在古香亭中，對著玉茗花、品著菊苗茶時吃，才最能匹配春天筍、蕨二鮮相撞的愜意美味；他訪友時，吃到僧侶相贈的洞庭饐，它雖個頭不大，包著橘葉，竟能讓人如置洞庭山畔。《山家清供》記載了百道美食，每道不過三兩行描述，讀來不禁讓人生出舌尖上的遐想，更使我對那個詩意的、縹緲的浪漫年代心生嚮往。於是，我翻開書本，從首推的青精飯開始，嘗試以影片的形式呈現復刻過程。

南宋陳元靚編撰的《事林廣記》和《歲時廣記》，詳盡記載了宋人春夏秋冬四時節氣習俗活動、衣著服飾及美食飲品等。忍不住古今對比：有多少得到了完整傳承；有多少已經中斷；又有多少依舊在世界的某個角落流行，只是換了名字。比如古時的「灌肺」，雖做法繁複，但在今天的新疆依舊存在，只不過叫「麵肺子」；比如宋人過年要吃的「餺飥」，依舊是今天陝西周至人們日常吃的麵食，叫「圪圪」，連酸湯的口味及製作手法都高度相似；古時上元節流行的各色「浮圓」，與如今的湯圓並無二致。

看《東京夢華錄》《夢粱錄》和《武林舊事》等紀實類筆記，可以領略宋代都城的城市風貌、街頭食肆，亦可一覽宋時流行的美味及宴會活動。民間食肆推出的蓮花鴨簽，也是宮廷御宴的常見菜品；入冬的儀式感，是一場有燒烤、有美酒，會吟詩作對的暖爐會給的；愛吃羊肉的宋人，硬是將羊的各個部位的吃法開發了個遍，糟羊蹄、羊腳子、旋煎羊白腸、虛汁垂絲羊頭……六月，我泛舟西湖、觀荷飲冰時，不免暢想孟元老筆下的「都人最重三伏，蓋六月中別無時節，往往風亭水榭，峻宇高樓，雪檻冰盤，浮瓜沉李，流杯曲沼，苞鮓新荷，遠邇笙歌，通夕而罷」，很難不生出一種穿越之感。

而所有的這些領悟體驗，皆產生於我旅居杭州之後。這一切，與其說是我選擇了復刻宋代美食，不如說我是被宋代美食選中的那個人。這些美食就擺在那裡，等待我來到杭州，等待我將它們一一復現。

復刻宋菜，我會盡量對照古籍、文獻去琢磨材料和做法，這主要源自內心對宋代味道的好奇：宋代人愛的味道到底有何特色？一個時代的味道到底是什麼樣的？

比如我做餛飩，發現多種餡料輔以煎炒過的香蔥和黃豆醬，會更香潤而無葷辣感；沒有辣椒的宋代，亦愛麻辣口味，時人善用茴香、蒔蘿、花椒、黃豆醬和醋調五味，如五味燒肉；雖有檸檬，但面對海鮮河鮮，更喜以橙去腥增鮮，如蟹釀橙、蜜釀蝤蛑。每復刻出一道滿意的菜品，總能給我帶來視覺、嗅覺和味覺上的衝擊。

2021年，父親的突然病重與小兒飯飯的到來，幾乎同時發生。我無法對生活做出過多回應，只能被裹挾著前行。我一面回憶咀嚼自己如何被養育，一面思索如何撫育新生命，也一面考究千年前的宋人如何過好每一年、每一天。於是就有了這本關於宋人全年不同節氣時令的吃喝的書，我從日常積累的1300多道宋食中，選出60餘道進行復刻：有我從小就上山摘來食用，但宋人製作更講究的燒栗子；有孟元老夏日首推的消暑涼菜麻腐雞皮……它們都是我回憶中的、必吃的、習以為常的。菜品在結構上兼顧了米飯、麵食、粥、炒菜、臘脯、燒烤、兜子、簽菜、鮓菜、茶飲、酒品、湯羹及蜜餞點心等多種美食類型；在食材選擇上，多以羊、雞、魚、螃蟹、豆腐、時令鮮蔬及花材等主，從宋人的偏好入手。總之，它們都有我必做不可的理由。

感謝吳鈎、盧冉、韓喆明等老師給予的專業指導，與他們的每次交流都讓我醍醐灌頂。感謝夥伴涯涯以生動的筆觸使這些美食得以躍然紙上。感謝編輯姐姐慧眼識珠，提供出版機會。感謝伴侶一成從精神和行動上提供的無條件支援。正是有他們的幫助才有了這本書。

全憑一腔熱愛，若有錯漏之處，懇請指正。

初邱

目錄

五月

六月

七月

八月

九月

十月

十一月

十二月

杭州城下雪了，在臘月將近的時候。
近日舟車勞苦，身體也愈發疲憊，這雪一來，才驚覺年關將至。

「臘月無節序，而豪貴之家，遇雪即開筵，塑雪獅，
裝雪燈，以會親舊。」

宋人的臘月整月都是節，時刻為過年做準備。
我起身環屋一周，饒是連塊臘肉也沒有尋到。
若是往年，母親已把臘肉掛上窗檻，再過幾日便開始做豆腐。
還要釀酒，得夠著祖輩和父親過年飲個暢快。

屠蘇酒一定要在年夜飯之前封存好，果子蜜餞浸泡醃製
也需要時日，臘八粥總要準備，用以回饋虔誠和良善。

迎雪去街市，尋一些藥材和果子，竟已可見蠟梅，一併帶回，
可做撒佛花[①]，可置於案上。

① 撒佛花：「十二月，街市盡賣撒佛花」。鮮花供佛，到了十二月，街市上的撒佛花有金蓮花、梅花、瑞香花。宋人極愛花，供奉了佛祖後，也會從街市帶一些回家，做一瓶插花，別致喜樂。

《花籃圖》李嵩　宋

屠蘇酒①

「年年最後飲屠蘇」

屠蘇酒是藥酒，侑以虎頭丹、八神，貯以絳囊，宋人可以在臘月直接去藥局領這些藥材釀酒。

古人在正月裡對藥有忌諱，但卻要在年夜飯上，幼及老共飲屠蘇酒。

傳聞屠蘇酒的方子始於孫思邈，但也有茅草屋裡無名之人浸藥於井而得之的說法。屠蘇酒流傳百年，確有防瘟之效。

藥王的方子傳世，無名之人總帶仙氣，正月裡人們常要「屠鬼蘇魂」，這願望自然也寄託在屠蘇酒的身上。

「辟邪氣，令人不染溫病及傷寒。」順利、健康，人們的願望始終如此。

---

① 屠蘇酒：屠蘇酒的喝法很有講究。吃年夜飯時，先從年少的小兒開始，年紀較長的在後，逐人飲少許，因為「少者得歲，故賀之；老者失歲，故罰之」。飲酒時最好朝著東方，飲個3天，以保佑一家老少新一年都免於病痛。

「 右八味，銼，以絳囊貯，歲除日薄晚，掛井中令至泥。正旦出之，和囊浸於酒中，東向飲之。」

大黃、蜀椒、桔梗、桂心、防風各半兩，白術、虎杖各一分，烏頭半分（ 編者註： 烏頭具有毒性，請勿過量使用）。

銼好後，放到囊裡保存，在一年的最後一天日光漸散的時候，把囊置於井最深處。新年的第一天將其取出並浸到酒裡。屠蘇酒就算製好了。

往年釀屠蘇酒時照藥王的方法將藥煎了一次，導致酒中藥味很濃，不討喜，老飲酒的父親也皺眉頭。

這次用《歲時廣記》的方法，藥材只浸不煎，希望今年的屠蘇酒有絲絲甜味繞舌。

不過今年父親喝不上這甜絲絲的屠蘇酒了。

小弟和小妹倒是有口福，待爆竹聲迎歲，一起面朝東邊飲一口屠蘇酒，願家人健康。

註：本書中的食材圖片未必與文字一一對應，僅提供了主要食材。

◎食材

黃酒500g
大黃4g
蜀椒4g
桔梗4g
桂心4g
防風4g
白術2g
虎杖2g
烏頭1g

◎做法

一. 藥材搗爛成粗藥末，然後用麻布袋裝起來。

二. 將藥袋放置到陰涼處1~2日，如條件允許，可將藥袋放到井底，使其充分與井泥接觸。

三. 將藥袋充分浸泡到黃酒裡半日，即可飲用。如想要藥味更濃，可照《千金要方》的方法將藥同酒一起煮沸後飲用。

製作參考：宋・陳元靚《歲時廣記》

屠者，言其屠絕鬼炁；蘇者，言其蘇省人魂。其方用藥八品，合而為劑，故亦名八神散。大黃、蜀椒、桔梗、桂心、防風各半兩，白術、虎杖各一分，烏頭半分，咬咀，以絳囊貯之。除日薄暮懸井中，令至泥，正旦出之，和囊浸酒中，頃時，捧杯咒之曰：一人飲之，一家無疾，一家飲之，一里無病。先少後長，東向進飲，取其滓，懸於中門，以辟瘟氣。三日外，棄于井中，此軒轅黃帝神方。

臘八粥

「過了臘八就是年」

今年我早早地開始準備臘八粥的食材，想尋一些飽滿的松仁、流心不腐的柿餅添至粥裡。

臘八粥初是臘祭[①]時用於祭農神的，以五穀雜糧熬成，祭以今年的收成祈求明年更盛。

到了宋代，臘月初八，「諸大寺作浴佛會，並送七寶五味粥與門徒，謂之『臘八粥』。都人是日各家亦以果子雜料煮粥而食也」。

宋人一邊祈福，一邊嘴饞，除了五穀雜糧，堅果、水果乾也能入粥，恐是街市上的年貨，家裡人愛吃的，都能加入祈福的隊伍。

冬季街市上柿餅最受追捧，就算不是大戶人家，也總能在冬天的果盤裡拿出一塊甜糯的柿餅。

不知哪家小主心思一動，把愛吃的柿餅悄悄放進廚娘的鍋裡。初八的晌午，家人圍坐喝粥，一不小心咬到一塊又甜又糯的東西，清香伴著米和豆滲進舌齒間，大家嘖嘖稱讚，這戶人家的臘八，便另有了一番滋味。

我也動了一點心思，除了柿餅，我還在街市的堅果裡挑了最愛的板栗，加入粥裡。同米、豆的嚼勁不一樣，和紅棗一抿就爛的軟也有差別，板栗的口感更粉，個頭也大。若送一勺臘八粥入口，它便最早被咽進肚子。

不知加柿餅到粥裡的那位小主，是否有祈求事事如意的私心。

多加一味栗子的我，倒是有些願望。

蘇轍年老時食板栗治腰腿疼痛，說是山裡一老翁給的方子。我往年給父母熬粥便會加一點栗子，他們自是不知其中用意，只覺味很妙，甚是喜歡。

過了臘八就是年，母親前幾日還念及這粥，我做的所有菜裡她最喜歡這道，她覺得喝著心裡踏實。

① 臘祭：臘月初八做臘祭的傳統可追溯到先秦時期（蠟祭和臘祭），是對農神的祭祀。五穀乃農之本，臘祭的祭品便以五穀為料。臘八節的傳統傳承下來，到了宋代被佛教借用並演變為齋僧節，「送七寶五味粥與門徒」，為佛粥。

◎食材

紅小豆500g
糯米50g
核桃仁20g
松仁20g
板栗仁20g
紅棗5g
柿餅30g
紅砂糖20g

◎ 做法

一. 將紅小豆提前一晚用冷水浸泡。
二. 加入500毫升冷水，將紅小豆熬煮至開花。
三. 加入糯米、核桃仁、松仁、板栗仁、紅棗，冷水一升， 以小火燉煮30分鐘。
四. 待粥水變稠，將柿餅剪碎，倒入鍋中，繼續燜煮10分鐘。
五. 倒入紅砂糖，拌勻即可。

一

二

製作參考：宋．周密《武林舊事》

歲晚節物：八日，則寺院及家人用胡桃、松子、乳蕈、柿蕈、柿、栗之類為粥，謂之「臘八粥」。

燒栗子

「紫燦山梨紅皺棗，總輸易栗十分甜」

釀好屠蘇酒，熬了臘八粥，這幾日理了年夜飯清單，忙著尋食材，但總覺得忘了什麼事。

朋友來信告知要帶女兒來拜訪，這才驚覺，果脯點心還沒做。家中若無嘴饞的孩童，食物彷彿也缺了吸引力。

家中能用來做點心的食材倒也不少，金橘能做蜜餞[①]，紅棗能做乾棗圈，這些都是宋代街市小販托盤裡的好物。

但每每目光掃過待在角落的栗子時，都忍不住停留。我年幼時，金橘、紅棗在家鄉不易獲得，母親做點心的食材，都是從山裡採來的。特別嘴饞的時候，我便叫上弟弟妹妹去山裡撿野栗子，用衣服兜著帶回，讓母親燒。

大多時候母親有家務要做，顧不上給我們做點心，我們便把栗子扔進柴火裡，烤著吃。我們守著灶台裡劈里啪啦的聲音，守的時間愈長，冬天就愈近。

不過臨近新年，倒是一定能吃上母親燒的甜栗子。

宋人燒栗子比母親講究，栗子去了皮膜後，需用鹽水浸泡一晚上，晾乾後放入甕裡，加入蜂蜜、花椒，小火燒一晚，第二天又加糖，繼續燒到收汁。

燒栗子糖入果裡，水分使栗子本味得以保留，比炒栗子更甘甜。

糖浸的點心存放得久，如不貪吃，留得到元宵節之後。

① 蜜餞：宋開始，南方大面積種植甘蔗，煉糖技術愈發成熟，不僅是飴餳蜂蜜，連糖霜也開始走入尋常百姓家。於是，宋代飯桌上糖製的食物愈來愈多，如楊梅糖、櫻桃煎、金絲黨梅、蜜煎雕花等。「萬物可蜜餞」成為宋代人製作點心的秘訣。

◎ 食材

板栗1000g
食鹽5g
蜂蜜400g
花椒5g
紅砂糖150g

◎ 做法

一. 板栗切掉尾部，不傷果肉。
二. 在沸水中煮5分鐘，然後剝掉板栗殼和膜。
三. 將板栗仁用淡鹽水浸泡一晚後，撈出瀝乾水分。
四. 砂鍋內依次倒入板栗仁、蜂蜜、花椒，攪拌開，小火熬煮兩小時至板栗八成熟。
五. 倒入紅砂糖，以小火將糖融化至糖粘在每一顆板栗上。

四

三

五

製作參考：宋・陳元靚《事林廣記》

燒栗子法：栗一斗大者，去皮膜，以鹽水浸一宿，日煞乾入甕內，白蜜五斤，椒一兩，以文武火燒一夜。次早，又入糖二斤，再燒。候冷，別器收之。

年夜飯

「士庶之家，圍爐團坐，達旦不寐，謂之『守歲』」

十二月一定要吃的臘八粥和蜜餞營造了不少過年的氣氛，喜氣迎面撲來的同時，也在催著我把年夜飯的菜單和食材都準備好。有葷有素，色、香、味俱全。若如古人一般嚴謹還需考慮一桌菜的陰陽和諧。

入年夜飯的菜並不少，我足足列了近百道菜，只從中選幾道，實在難以抉擇。

臨近除夕，才最終定下了10道菜。

宋人過節必不可少要吃羊，再加一道傳承吳越之風的雞，主要的葷菜便有了。「年年有魚」應不是宋人之俗，但身處江南不可不無河鮮，遂又多加一道鱖魚。接著按照我家的傳統定了豆腐和炒油菜，素菜便有了底。

冬季節日裡的湯羹往往承載養生之道，寓意和營養需要兼得，羊骨湯熬山藥甚好。

餺飥是主食的不二選擇，後為了祈福又加多一道開花饅頭。

另有因偶得韭黃而加的春盤，以及圍坐話家常時不可或缺的柿橘果盤，給這飯桌增添了明亮的色彩。

年夜飯菜單

葷菜：碗蒸羊、爐焙雞、鱖魚假蛤蜊

素菜：東坡豆腐、滿山香、春盤

湯羹：金玉羹

主食：餺飥、開花饅頭

果盤：百事吉

碗蒸羊

早早就定了要吃羊。宋人喜食羊肉，在重要的日子更甚。他們留下幾十種羊肉做法，每一種都赫赫有名。

但我實在不喜那股羊膻味，哪道菜既能去膻又不掩羊肉的鮮美，定是對食材和做法都有很大講究。

特意讓友人從寧夏寄了一些灘羊肉，寧夏灘羊肉膻味最輕。又試了兩道羊肉食饌，最後才定下了這碗蒸羊。羊肉厚片，醬椒調味，碼入蒸碗，擺薑片。

碗蒸羊善用酒醋醬薑，「五味調和」 既尊味之本，又有滅腥去臊除膻之用，恰到好處，成品自然是老少咸宜，年夜飯的頭菜非他莫屬。

◎食材

羊腩500g
黃豆醬一勺
酒半碗
醋半碗
生薑
香蔥
食鹽

◎ 做法

一. 將羊肉焯水至稍稍定型，撈出，晾涼後將羊肉切片成1厘米厚。

二. 用適量食鹽、一把蔥花抓拌羊肉，將其碼在蒸碗上，擺上薑片。以粗麻紙蓋住碗面防蒸氣進入，水上氣後，入鍋，大火蒸10分鐘。

三. 在羊肉上淋上酒、醋、黃豆醬，撒些薑末，蓋上粗麻紙，小火繼續蒸2小時。

一

二

三

製作參考：元·佚名《居家必用事類全集》

碗蒸羊：肥嫩者，每斤切作片。粗碗一隻，先盛少水，下肉，用碎蔥一撮、薑三片、鹽一撮，濕紙封碗面。於沸水上火炙數沸，入酒、醋半盞，醬乾、薑末少許，再封碗慢火養。候軟，供。砂銚亦可。

爐焙雞

備齊食材後，恰巧收到友人資訊——今年不能返鄉，不得不留杭過年，便邀其家人一起守歲。

菜餚還需增加，特意問友人喜好，答，有一道黃燦燦的雞我曾做過，甚是酥脆，酸甜開胃，非常想念。

當即定下「爐焙雞」，跑山雞煮至八分熟，剁小塊醋酒相伴翻炒，澆汁多次，收汁入味。此菜承於浦江吳氏，做法雖不繁複，但善用香料卻不留克數的吳氏卻是給這道菜譜做了留白，增加了難度。

除了用料量不定，更難把握的是醋和酒的種類。只得多試幾次以尋求最佳搭配。

後靈光一現，想起浦江吳氏乃吳越之人，自是有當地的用料習慣，這才有信心將湖州米醋（玫瑰醋）和紹興黃酒確定下來。

前不久在金華人家吃到了一種叫「醋燒雞」的當地美食，其做法用料像極了爐焙雞，想必這就是地域傳承了。

◎ 食材

- 雞一隻
- 玫瑰醋一碗
- 黃酒一碗
- 生薑
- 食鹽
- 菜籽油

◎ **做法**

一. 將整隻雞洗淨，水開後，入鍋煮至八分熟。

二. 將煮好的雞剁成小塊。

三. 將玫瑰醋與黃酒按1：1混勻備用。

四. 鍋內倒入菜籽油，大火燒熱，放入雞塊、薑片，翻炒至雞肉表皮微焦，轉中火用大碗燜蓋。

五. 待汁水快乾時，將酒醋汁分3次沿鍋邊淋入，每次汁乾了就加，加完後翻炒片刻，蓋上蓋子，至下次添加酒醋汁前不得揭開。

六. 加適量食鹽調味，撒上蔥花，即可出鍋。

製作參考：宋．浦江吳氏《中饋錄》

用雞一隻，水煮八分熟，剁作小塊。鍋內放油少許，燒熱，放雞在內略炒，以鏇子或椀鏇定。燒及熱，醋、酒相半，入鹽少許，烹之。候乾，再烹，如此數次，候十分酥熟，取用。

鱖魚假蛤蜊

正苦惱還需有一道葷菜時， 丈夫在一旁道，過年還得有魚。

宋人鍾愛魚生，江南更是如此，無奈我身懷六甲無福享用。若是清蒸河鮮，又欠了些許新年的熱鬧。

說到熱鬧，倒是有道菜能把河裡的魚蝦都請上桌。

鱖魚取精肉，切作蛤蜊片形狀，醃製後，用蝦汁燙熟，便是假蛤蜊。

蝦魚生於河，蛤蜊長於海，內陸蝦易得而蛤蜊不常有，於是宋人將河蝦鱖魚烹飪出蛤蜊味，以解嘴饞。

◎食材

鱖魚一條
河蝦10隻
胡椒末
生薑
香蔥
黃酒
食鹽

◎ 做法

一. 將鱖魚刮鱗去內臟洗淨後，按住魚頭，用刀從魚尾部貼合脊骨，取魚的腹背肉。

二. 剔掉魚腹部的魚刺。

三. 刀以45度角傾斜，將魚肉片成薄片。

四. 取適量生薑、黃酒、食鹽、蔥花、胡椒末，將魚片製15分鐘。

五. 開小火，將河蝦、鱖魚骨頭煎至香酥。

六. 加水，大火燒開後，小火熬出香濃魚蝦湯，將鱖魚片倒入湯中，燙熟即可出鍋。

製作參考：宋．陳元靚《事林廣記》

假蛤蜊法：用鱖魚批取精肉，切作蛤蜊片子。

用蔥絲、鹽、酒、胡椒淹共一處淹了，別蝦汁熟食之。

東坡豆腐

在我老家，過年要做豆腐，這比吃豆腐更緊要。豆腐不能是買的，必須要自己上石磨磨豆漿，煮沸、點漿、成豆腐花、壓豆腐。小時候我愛看這浩大的工作，工序繁複，工具繁多，就算大人每年都做豆腐，每次的成品也總是參差不齊。有幾年我家石磨壞了，母親就提著一籃豆子去鄰居家做豆腐，為了趕時間，全家人都要上陣，忙忙碌碌大半天，到了傍晚方端著白白嫩嫩的豆腐回家。

過年吃豆腐是我家的一個傳統，今年沒法磨豆子了，但將東坡豆腐列入年夜飯菜單，是早就定下的。

東坡豆腐，這道菜地位非常高。可能是蘇東坡致力於推廣，他每到一處，這道菜就隨著東坡大名一起流傳開來，也因此其文獻豐富，記載翔實。並且豆腐與堅果脂香的融合，味道實在動人，歷經多個朝代，改良甚少，至今仍能輕易吃到宋時的味道，這道菜算是經典。

◎ **食材**

豆腐一塊
香榧數顆
黃豆醬一勺
香蔥
食鹽

◎ **做法**

一. 將豆腐切成厚薄均勻的方塊。

二. 將香榧剝殼去膜後，研碎備用。

三. 將香蔥洗淨後切成段，入油鍋中以小火煎香。

四. 撈出蔥段留蔥油，加入豆腐塊煎至雙面金黃，撈出。

五. 香榧碎末和黃豆醬一同入鍋，小火炒香。

六. 鍋中加入煎好的豆腐塊，一起翻炒，加水收汁，最後撒上蔥花，加適量食鹽調味即可。

製作參考：宋．林洪《山家清供》

豆腐，蔥油煎，用研榧子一二十枚，和醬料同煮。

滿山香

綠葉菜可白灼加豉油，但爆炒更合我這湘人的口味。蒔蘿、茴香、花椒、薑末順油下鍋，快速翻炒，油濺開的香氣，還不飄得滿屋子、滿村子都是。

可惜林洪吃的這菜是油菜，春天才是最佳時候，我便取了四季都有的小油菜代之。炒熟後顏色鮮豔不減，葉薄易入味，一次夾3片，滿山的香成了滿嘴香。

◎食材

小油菜
蒔蘿籽
茴香
花椒
黃豆醬
生薑
食鹽

◎ 做法

一. 將小油菜洗淨備用。
二. 將蒔蘿籽、茴香、花椒炒乾，碾細，生薑切成末。
三. 熱鍋熱油，下小油菜翻炒至斷生，即下黃豆醬及提前備好的香料，繼續翻炒片刻，加適量食鹽調味即可。

製作參考：宋．林洪《山家清供》

一日，山妻煮油菜羹，自以為佳品。偶鄭渭濱師呂至，供之，乃曰：「予有一方為獻：只用蒔蘿、茴香、薑、椒為末，貯以葫蘆，候煮菜少沸，乃與熟油、醬同下，急覆之，而滿山已香矣。」試之果然，名「滿山香」。

春盤

「漸覺東風料峭寒，青蒿黃韭試春盤。」

年三十臨近晌午去街市尋油菜，只剩下寥寥幾位農夫在門口佇立，一位農夫擔裡還剩一些韭黃和竹筍，我一併買走了，農夫少收了我兩塊錢，空著擔子回家過年了。

添一道春盤，散五臟之氣。紅綠相間，飯桌上也明朗起來。

春盤是蘆蒿、蘿蔔、香菜、韭黃、竹筍切絲，用春餅皮裹起來的卷兒。這5種絲，每一種都味辛，在得到「春盤」這雅名之前，人們更多稱它為「五辛盤」。

吃五辛是為了散五臟之氣，發散表汗大致能預防疾病吧。

◎食材

春餅皮
蘆蒿
蘿蔔
香菜
韭黃
竹筍

◎ 做法

一. 將所有食材洗淨，蘆蒿、香菜、韭黃切段，筍焯水後切絲，
蘿蔔切絲，段和絲的長度稍長於餅皮的半徑。

二. 以春餅皮裹香菜段、韭黃段、蘆蒿段、竹筍絲、蘿蔔絲。

一

二

製作參考：宋・方嶽《春盤》

萊服根松縷冰玉，蔞蒿苗肥點寒綠。霜鞭行茁軟於酥，雪樹生飣肥勝肉。與吾同味葷絲辣，知我常貧韭菹熟。更蒸㹠壓花層層，略糝⾣成金粟粟。

金玉羹

把做碗蒸羊剩下的羊脊骨熬了湯，正好可做道羹。
少許板栗，一截山藥，板栗金黃、山藥似玉，金玉羹是也，冬日補氣滋陽， 再好不過了。
對身體有益的可不是什麼真金美玉，山野裡隨處可見的栗子和山藥才讓人健康。

◎食材

羊脊骨500g
山藥
板栗
生薑
食鹽

一

二

三

◎ 做法

一. 羊脊骨、薑片入鍋，水開後，小火燉兩小時，熬成羊湯。
二. 將山藥、板栗去掉皮膜後，切成厚度均勻的薄片。
三. 將山藥片、板栗片加入羊湯中，加適量食鹽調味，燙熟即可。

製作參考：宋．林洪《山家清供》

山藥與栗各片截，以羊汁加料煮，名「金玉羹」。

餺飥

年夜飯的主食很好決定，毋庸置疑是餺飥。「京師人家多食索餅，所謂年餺飥者或此類。」餺飥是麵條（麵片），吃法和如今吃麵一般，可佐以肉糜菜羹。

想著飯桌上另有魚肉，便做了最清爽的青菜餺飥作為主食。

◎食材

食材

麵團

青菜若干

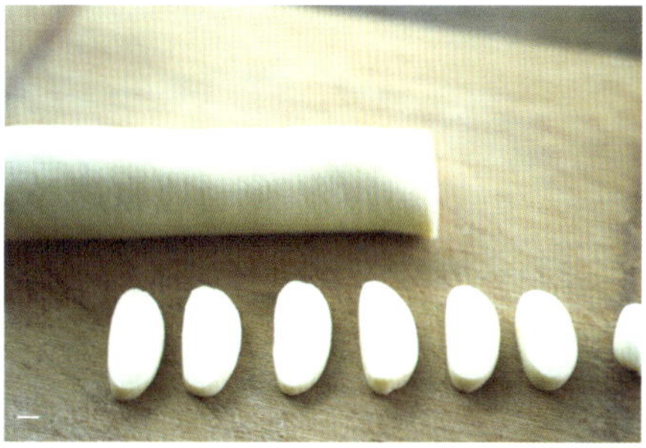

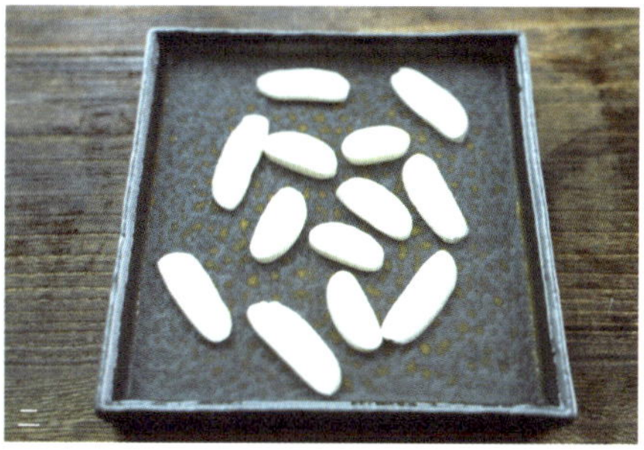

◎ 做法

一. 將90毫升水分多次加入麵粉中，揉成光滑的麵團，醒麵15分鐘。將麵團揉搓成粗長條，然後切成小劑子。

二. 將小劑子投入盆中，浸泡15分鐘。

三. 用拇指將小劑子從中間向兩端拉成薄薄的柳葉狀，水開後，入鍋，放青菜，大火煮熟，加適量食鹽調味即可。

製作參考：北魏·賈思勰《齊民要術》

餺飥，挼如大指許，二寸一斷，著水盆中浸。宜以手向盆旁挼使極薄，皆急火逐沸熟煮。非直光白可愛，亦自滑美殊常。

百事吉

基本準備好所有的飯菜後，和友人一起做了塔狀的果盤，謂之百事吉（ 即取柏葉、柿子、橘子首字諧音）。我和友人邊聊天邊看孩子吃蜜餞，就一會兒的工夫，夜幕已降臨。待丈夫把屠蘇酒取出來，就可以斟酒碰杯吃年夜飯了。

習俗參考：宋．周密《武林舊事》

歲晚節物：祀先之禮，則或昏或曉，各有不同。如飲屠蘇、百事吉、膠牙餳、燒術、賣懵等事，率多東都之遺風焉。

開花饅頭[1]

丈夫卻進了廚房遲遲沒出來。我悄悄探頭，看到他在灶臺上費勁地往麵團裡塞餡。

古人會給足月的孕婦送饅頭，我在盤算年夜飯菜單時提起過，後因覺得為時過早而捨掉了。丈夫應是覺得今年年夜飯定要特殊一點，暗下決心要自己動手加上一道菜，給這喜事再加上好運。

開花饅頭頂部需留個小髻， 形似花開狀。但丈夫覺得「喜」字更適合，便從模具中找出一個「囍」印到胖乎乎的饅頭上。

他戲稱為「喜開花饅頭」。

◎ **食材**

- 麵粉200g
- 酵母2g
- 溫水120mL
- 羊肉500g
- 豬板油50g
- 松仁10g
- 杏仁10g
- 生薑
- 陳皮
- 醋
- 蔥白
- 食鹽

---

[1] 宋人王楙在《燕翼詒謀錄》中記載：「今俗屑麵發酵，或有餡或無餡，蒸食之者，都謂之饅頭。」

◎做法

一. 酵母以溫水兌開，倒入麵粉中，攪成麵絮狀。

二. 將麵粉揉成光滑麵團，蓋上紗布，發酵15分鐘。

三. 羊肉切薄片，焯水後切成小碎粒；豬油切成小碎粒；杏仁、松仁磨細；生薑、陳皮切末；蔥白煎香後，切末。備用。

四. 以上材料，淋上醋，加適量食鹽調味，抓拌均勻。

五. 麵團揉擀排氣後，分成4個80g大小的劑子，然後擀成皮，每個放上約130g的餡料，包圓。

六. 在木質模具中撒上紅麴粉，將包子塞入模具中印花定型。繼續密封醒發30分鐘。水上氣後，大火蒸18分鐘。

一

二

三

四

五

六

製作參考：元．佚名《居家必用事類全集》

平坐大饅頭：每十份，用白麵二斤半，先以酵一盞許，於麵內刨一小窠，傾入酵汁，就和一塊軟麵，乾麵覆之，放溫暖處。伺泛起，將四邊乾麵加溫湯和就，再覆之。又伺泛起，再添入乾麵溫水和。冬用熱湯和就。不須多揉。再放片時，揉成劑則已。若揉盞，則不肥泛。其劑放軟，擀作皮，包餡子。排在無風處，以袱蓋。伺麵性來，然後入籠床上，蒸熟為度。

打拌餡：每十份，用羊肉二斤半，薄切，入滾湯略焯過，縷切。脊脂半斤、生薑四兩、陳皮二錢，細切，鹽一合，蔥白四十莖細切，香油炒，煮熟杏仁五十個、松仁二握捏碎。右拌勻。包大者，每份供二隻；小者，每份供四隻。

待丈夫把屠蘇酒和母親寄來的「算條巴子」放於餐桌上，年夜飯就算是齊了。
生盆火烈轟鳴竹，守歲筵開聽頌椒，舉杯互敬屠蘇酒。

笙歌間錯華筵啟。
喜新春新歲。
菜傳纖手青絲細。
和氣入、東風裡。
幡兒勝兒都姑婂。
戴得更忔戲。
願新春已後，
吉吉利利，百事都如意。

——趙長卿 《探春令》

新春吉利

正月

「雪裡已知春信至，寒梅點綴瓊枝膩。
香臉半開嬌旖旎，當庭際。玉人浴出新妝洗。」

《梅花繡眼圖》宋徽宗　宋

梅花三味

「韻勝如許，謂非謫仙可乎」

住在杭州有不少好處，能和過往的文豪欣賞同一片四季風景，算是其中之一。

杭州雖曾是都城，但畢竟留下的文物建築只是吉光片羽，且被大廈遮掩，讓人難以領略其昔日風采。幸而這江南千百年後還是江南，都城雖已埋於塵埃之下，但水光瀲灩晴方好的西湖，趙構不捨得破壞而留下的西溪，酌泉據石而飲之的龍井亭……仍是這片土地絕對的主人，決定著天堂的底色，勾勒著整個城市和人們的生活。

於是，在杭州我只要跟著古詩句，定能尋到美景。

「疏影橫斜水清淺，暗香浮動月黃昏」

初春花上枝頭，首先得去林逋[①]的孤山探梅。世人愛梅，喻其高潔，贊其傲骨。林逋愛梅至深，終其一生隱居，「以梅為妻，以鶴為子」。自林逋之後，人們稱讚梅的雅致時又添了清而高的格調。

本就以食花饌為極大情趣的宋人，怎會不推崇這集士人品質品位於一物的梅饌呢？你再聽聽這名字，翠縷冷淘，暗香粥，湯綻梅，梅花齏……宋人把對美和品性的期待都傾注於此。孤山的梅並不繁茂，我也不像宋代士人那般有園可種梅[②]，想要摘得幾株食材做梅饌還真是難倒了我。

後友人又邀我赴超山[③]賞梅，整個山頭鋪滿了白梅、紅梅，從高處望去甚是壯觀。也不管這超山的梅是不是坡仙帶來，山前叫賣的小販舉著的梅，成就了我這一季的花饌。

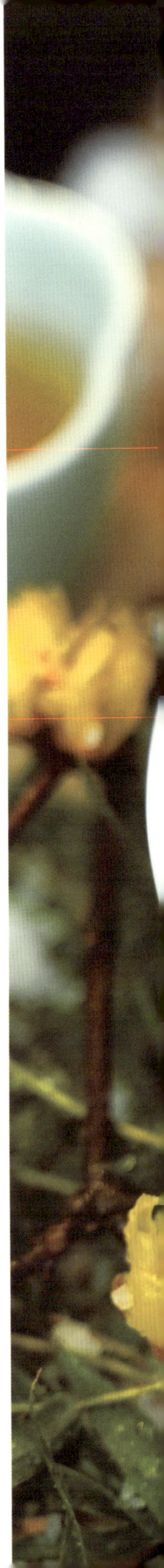

① 林逋：北宋著名隱士，隱居西湖邊孤山中，逍遙自在。范仲淹稱其為「山中宰相」，蘇軾也對他推崇備至，林洪自稱林逋的後嗣。他可以說是歷史上第一位著意詠梅的文人。

② 宋人種梅：范成大寫到了梅。「梅，天下尤物，無問智賢、愚不肖，莫敢有異議。學圃之士，必先種梅，且不厭多，他花有無多少，皆不系重輕。」可以想像當時的人們對梅花的喜愛。

③ 超山：民間流傳超山的梅花最初是蘇軾從杭州帶了一枝來種下，遂有了後來「山頭一堆石，山下萬樹梅」的壯麗。其實像超山這樣的適生區，無論是山間野生，還是人工種植都源遠流長，種梅源頭無從確定。不過蘇東坡與梅和杭州都結緣太深，借用他造故事也不足為奇。但超山從清朝興起以來，引無數文人題詠留作，確是值得遊歷之地。

梅花齏

在寒意正盛的正月煮上一鍋熱氣騰騰的梅花菜湯，祛寒生熱，暖胃暖心。

◎食材

白菜一棵
麵粉一勺
梅花
生薑
花椒
茴香
蒔蘿籽
食鹽

◎ 做法

一. 白菜洗淨後對半切開待用。
二. 麵粉加入水中，攪勻至散開狀，將麵粉水燒開。
三. 在麵粉水中依次加入薑片、花椒、茴香、蒔蘿籽，用適量食鹽調味，煮出香氣。
四. 放入白菜，燙熟撈出。
五. 在碗中捧入一把梅花。

製作參考：宋．林洪《山家清供》

用極清麵湯，截菘菜，和薑、椒、茴、蘿，欲極熟，則以一杯元齏和之。又，入梅英一掬，名「梅花齏」。

一

二

三

四

五

翠縷冷淘①

紅梅的顏色甚是可愛，鮮嫩水靈的模樣在萬物還未復蘇的曠野裡尤為亮眼，完全稱得上一個「翠」字。蘇東坡捧著這一手的梅紅愛不釋手，思索如何才能將其留下。何不揉進麵裡，紅翠欲流，趁新鮮吃下，梅色的紅暈便浮上臉龐，高雅落入胃中。

◎食材

紅梅花100g
麵粉200g
檸檬1個
春筍若干

① 翠縷冷淘：冷淘麵即俗稱的過水麵，是夏季常用的麵食。翠縷冷淘在其他文獻（以及其他刻本的《事林廣記》）中所用的是槐葉。但在西園刻本中，重要佐料卻變成了不太合時的梅花。足以見其編撰者承宋士人之雅致，對梅的推崇和喜愛（據說翠縷冷淘的發明者為蘇東坡，因而翠縷冷淘也被稱為「坡仙法」）。所以在眾多梅花饌中，我仍偏愛這不太尋常的梅製翠縷冷淘。

◎ 做法

一. 將新開的紅梅花洗淨。
二. 將檸檬擠出汁淋在紅梅花瓣上固色，將紅梅花捶搗出汁，以紗布過濾，得梅花汁約120mL，待用。
三. 將梅花汁倒入麵粉中，攪成絮狀。
四. 將麵粉揉成光滑麵團，用濕紗布蓋住，發酵15分鐘。
五. 春筍去皮切小段，以熱油煎炒，加適量食鹽、醬油調味，做澆汁備用。
六. 取出發酵好的麵團，邊擀邊撒麵粉，防止粘黏，擀成薄麵皮。
七. 將麵皮切成粗細均勻的麵條。
八. 水開後，放入麵條，大火煮約3分鐘，熟後撈出至冷水中過冷。
九. 倒入備好的澆汁，拌勻調味即可享用。

製作參考：宋・陳元靚《事林廣記》

梅花采新嫩者，研取自然汁，依常法搜麵，倍加揉搦，直待筋韌，然後薄捍縷切，以急火瀹湯煮之。候熟，投冷水漉過，隨意合汁澆供，味既甘美，色更鮮翠，又且食之益人，此即坡仙法也。凡治麵，須硬作熟搜，深湯久煮。

蜜漬梅花

愛梅至極的楊誠齋定是從梅花裡獲得了不少吟詩的靈感。其詩歌高潔清雅，與帶露餐梅不無關係：「甕澄雪水釀春寒，蜜點梅花帶露餐。句裡略無煙火氣，更教誰上少陵壇。」

◎食材

鹹白梅若干
白雪一碗
蠟梅花一把
蜂蜜半盞

一

二

◎ 做法

一. 用雪水將鹹白梅和蠟梅共同醃製一晚。

二. 第二日，瀝乾雪水。以蜂蜜將鹹白梅與蠟梅花醃漬一段時間。

製作參考：宋・林洪《山家清供》

剝白梅肉少許，浸雪水，以梅花醞釀之。露一宿，取出，蜜漬之。可薦酒。較之掃雪烹茶，風味不殊也。

元宵節①

「星燦烏雲裡，珠浮濁水中。歲時編雜詠，附此說家風」

小時候春節很長，但走親訪友對小孩子來說實在無聊，我便每日在心裡盤算著，離元宵節還有幾日，去城裡看燈會逛廟會要穿這新衣、吃那小吃。

後讀《東京夢華錄》，講宋時最盛大的節日元宵節，東京城內燈盞盛會如夢如幻：「又於左右門上，各以草把縛成戲龍之狀，用青幕遮籠，草上密置燈燭數萬盞，望之蜿蜒如雙龍飛走。自燈山至宣德門樓橫大街，約百餘丈，用棘刺圍繞，謂之『棘盆』。內設兩長竿，高數十丈，以繒彩結束，紙糊百戲人物，懸於竿上，風動宛若飛仙。」

驚覺二者相似。盤龍在天，仙女在側，舞隊的音樂聲聚集了最多的遊人，猜燈謎的繩子下有人已經在向家人炫耀。

母親會在逛燈會這天特地打扮一番，說新年穿新衣，祈福會更靈驗一些。

「東來西往誰家女。買玉梅爭戴，緩步香風度。北觀南顧。見畫燭影裡，神仙無數。」什麼時候離開燈會的已經記不清了，搖搖晃晃睡了一覺醒來，已在自家的院子前。

這時母親會把早上準備好的糯米粉和豆沙餡拿出來，搓湯圓。父親幫忙燒柴把水煮沸。不過10多分鐘的時間，敲著碗筷等在桌前的弟弟妹妹已經吃了起來。

母親搓的湯圓在清水裡浮著，像玉一樣，一口能含一個，清甜的豆沙餡從齒縫裡流出來，趕緊吸一口，不能讓它流到嘴角。一家人在深夜的飯桌前含糊不清地說著話，說著說著，年就過去了。

今年元宵，除了母親常做的澄沙團子（豆沙湯圓），我還嘗了嘗宋人街市上最暢銷的焦䭔（炸元宵），而後覺得少了一種色彩，又做了宋人粉食店裡常常售罄的金橘水團（金橘湯圓）和個頭更大的山藥浮圓（山藥湯圓）。

---

① 元宵節：宋人最愛、最熱鬧的三大節日之一。正月十五是元宵節。從冬至起，開封府（今河南開封）就已經開始在皇宮前搭建山棚，山棚的立木正對著宣德門樓。一到元宵節，遊人蜂擁而至，御街上人頭攢動。御街兩側的長廊下是五花八門的表演，奇術異能，歌舞百戲，各家的攤子緊挨在一起，可以說整個城市都在狂歡。北宋時元宵節有假期5日，「萬姓皆在露臺下觀看，樂人時引萬姓山呼」，皇帝與黎民一同觀燈。

元宵節吃「元宵」的最早記載見於宋代，當時稱「元宵」為「圓子」「元子」「湯糰」「團子」，由於元宵節必食「湯圓」，因此，「湯圓」又有「元宵」之名。但有學者指出，湯圓這種食物在西晉就已出現，名叫「牢丸」，後因避宋桓宗的「桓」字，「丸」也在其中，因而棄用。

《華燈侍宴圖》馬遠　宋

澄沙團子

宋菜做得愈多，我便愈常感歎，如今依然流行的傳統食物，如餡餅、湯糰等，在宋代似乎均可找到這樣或那樣的對應的形式，並且相當接近現代的樣子。說宋時已經定下了中華飲食的基本面貌，往後1000多年不過略有創新，一點也不為過。

古書上記載的澄沙團子的做法，和我母親的豆沙餡湯圓的做法別無二致。在宋代的果子店裡，在人丁興旺的大宅子裡，在收成不錯的農戶家裡，好幾碗從鍋裡盛出來的熱氣騰騰的澄沙團子被放在灶臺上等著人取，這和我的元宵節記憶好像也別無二致。

◎食材

糯米粉200g
紅豆200g
砂糖50g
溫水150mL

◎ 做法

一. 紅豆提前清洗，浸泡一晚。
二. 放入鍋中，以小火燉煮至豆皮 脫落。
三. 濾水去豆皮，將紅豆搗爛。
四. 用紗布包裹豆沙，擠乾水分。
五. 在豆沙中加入砂糖，拌勻。
六. 糯米粉加水揉成光滑麵團，切成小劑子，包入豆沙餡料。
七. 再揉成小團子，水開後，下澄沙團子煮至浮起。
八. 碗內放入砂糖，舀入澄沙團子。

皮的做法參考：宋．陳元靚《歲時廣記》

京人以綠豆粉為科斗羹，煮糯為丸，糖為臛，謂之「圓子」。

餡的做法參考：元．佚名《居家必用事類全集》

澄沙糖餡：紅豆焆熟，研爛，淘去皮，小蒲包濾極乾，入沙糖食香，搦餡脫。或麵劑開，放此餡，造「澄糖千葉蒸餅」。

習俗參考：宋．周密《武林舊事》

元夕：節食所尚，則乳糖圓子、䭔、科斗粉、餕湯、水晶膾、韭餅，及南北珍果，並皂兒糕、宜利少、澄沙團子、滴酥鮑螺、酪麵、玉消膏、琥珀餳、輕餳、生熟灌藕、諸色龍纏、蜜煎[①]、蜜裹糖、瓜蔞煎、七寶薑餕、十般糖之類。

焦䭔

元宵節時最好賣的，一 定是這焦䭔。逛燈會看雜耍，小兒拎著燈籠團團遊走，可來不及坐下細細品美食，若是嘴饞了，食物拿在手裡邊逛邊吃豈不樂哉。於是，外皮炸得酥脆，小兒捏得狠也不會髒了衣物的焦䭔自然最受追捧。

◎ 食材

麵粉200g
紅豆沙100g
酵母2g
食用油

◎ 做法

一. 往少量溫水中加入酵母，攪勻。

二. 將酵母水倒入麵粉中攪拌。

三. 往麵粉中繼續加水，邊加邊用筷子攪拌，直至成為絮狀。

四. 將麵粉揉至光滑麵團狀，蓋上紗布，發酵15分鐘。

五. 把麵團切成小劑子，壓擀成圓薄狀，將豆沙餡包入其中，並團成大小均勻的小團子。

六. 鍋中油冒煙後，將麵團放入油鍋中炸至焦黃酥脆，撈出。

一

二

三

五

六

習俗參考：宋·陳元靚《歲時廣記》

咬焦䭔-歲時雜記：京師上元節，食焦䭔，最盛且久。

做法參考：元· 佚名《居家必用事類全集》

圓燋油：麵二斤半，內六分，熟水和堿、酵各一合，化作水，入麵調打泛為度。餡用熟者。如彈子。將麵、餡上手包裹了，虎口擠出，滾深油內，炸熟為度。

金橘水團

無論是士人帶著雅興還是富貴之人帶著排場，正月裡去酒肆飯店，都要圖個大吉大利。金橘水團在粉食店總是很快售罄：金色富貴，一口一個吃得心滿意足；金黃明亮，置於桌上，一桌飯菜就有了點睛之筆。

◎ **食材**

糯米粉200g
金橘100g
蜂蜜250mL
溫水150mL

◎ 做法

一. 將金橘全部剪開去籽。
二. 將500g金橘放入鍋中，加入蜂蜜，開小火不停攪拌，直至金橘全部變得透明，金橘醬成。
三. 將剩下500g金橘研碎，以紗布濾汁。
四. 將金橘汁倒入糯米粉中揉成糯米團，將糯米團切成小劑子，壓成麵皮，包入金橘醬。
五. 水開後，下金橘水團煮至浮起。

一

二

三

製作參考：宋・陳元靚《事林廣記》

煎金橘法：金橘大者，縷開，以法酒煮透，候冷，用針挑去核，捺遍瀝盡汁。每一斤用蜜半斤，煎去酸水苦汁，控出，再用蜜半斤，煎入瓷器收之。煎橙橘一依此法。

習俗參考：宋・吳自牧《夢粱錄》

葷素從食店：又有粉食店，專賣山糵元子、真珠元子、金橘水團、澄粉水團、乳糖槌拍、花糕、糖蜜糕、裹蒸粽子、栗粽、金鋌裹蒸、茭粽、糖蜜韻果、巧粽、豆團、麻團、糍團及四時糖食點心。

五

山藥浮圓

浮圓的口味，光古籍記載就10餘種，但這山藥浮圓被特意指出為「新法浮圓」，留下了更多的篇幅。如果說這「新」是 指第一次嘗試把山藥粉加到糯米粉裡，那還不足以令人驚奇，而是指意外發現這煮熟後的山藥浮圓彈性極佳，甚至能滾個幾尺遠，其口感自然與其他軟糯的浮圓不同，遂其因獨特的風味而被記錄下來。

◎食材

糯米粉80g
山藥粉10g
冰糖100g
溫水70mL
涼水75mL

◎做法

一. 在涼水中加入冰糖，慢火熬煮約一個半小時。

二. 以滴入水中不凝固為度，即成糖清。

三. 將糯米粉與山藥粉混合均勻。

四. 慢慢往糯米粉和山藥粉中加溫水，攪成絮狀，揉成粉團，再揉成大小一致的小團子。

五. 水開後下山藥湯圓，用中火煮至浮起。

六. 舀出山藥湯圓，碗中澆上糖清調味即可。

製作參考：宋・陳元靚《事林廣記》

新法浮圓：糯米三升，乾山藥三兩，同處搗粉，篩治極細。搜圓如常法，急湯煮之，合糖清澆供，其丸子皆浮器面，雖經宿亦不沉。

二月

杭州立春後，天氣開始變得古怪，昨天著薄衫，今日穿棉襖。
朋友打趣說杭州春如四季，倒十分貼切。
居杭城後每到春天我便格外焦慮，生怕錯過好時光，
冬天的被褥還沒收好，一場暖流襲來，就到了酷暑。

《垂楊飛絮圖》（局部）佚名　宋

山海兜

「四時花木，繁盛可觀」

一寒一暖會帶來豐沛的雨水，今年猶盛。我身在房內心繫山間，只待一個春意溫柔的清晨去看看破土而出的筍和蕨。雖沒幾日可得，但在杭州的春光裡徜徉，活似神仙。

「湖上春來似畫圖，亂峰圍繞水平鋪。

「松排山面千重翠，月點波心一顆珠。」

山林筍衣長，蕨根壯，河間蝦腳快，魚身肥。

想留住這山湖春色，一攬眼前所見，統統置入盤中。

丈夫念我身子不便，提鋤挖筍採蕨，我在旁不忘指導兩句：筍節密而芽花白，蕨頭卷而未開，才好。

沼蝦易得，鱖魚卻需夜捕，後於街市領一回家。

再用綠豆粉皮將這山水間的春色好物包裹起來，蒸上8分鐘，一口下去，筍丁和蝦丁率先跳入口中，接著是溫柔的魚糜和軟嫩的蕨根，清香緩緩彌漫開來，盡是新鮮的春天。這便是山海兜了。

◎食材

- 春筍500g
- 蕨菜250g
- 鱖魚一條
- 蝦250g
- 綠豆粉50g
- 水40mL
- 熱油
- 胡椒粉
- 食鹽

◎粉皮做法

一. 將綠豆粉倒入水中，攪勻成粉漿。

二. 舀一勺綠豆粉漿，均勻攤在不粘平底盤上（普通涼皮盤即可），將平底盤置於微滾的開水中，每3秒端出平底盤，左右傾倒，使粉漿在鍋中保持厚度統一，直至粉漿凝固。

三. 待粉漿呈完全的透明粉皮狀時，將平底盤提出，放置於冷水中，輕輕將粉皮揭出。

四. 將綠豆粉皮切成正三角形，備用。

注意：粉皮易乾變黏，可在表面刷層薄油，或保持表面濕潤，如覺麻煩，可直接購買綠豆粉皮。

◎ **兜子做法**[①]

一. 鱖魚只取魚排部分，切丁；蝦去殼，切丁；春筍、蕨菜焯水後切丁。

二. 水上氣後轉中火，將魚丁、蝦丁一同入鍋蒸8分鐘。

三. 在筍丁、蕨丁、魚丁、蝦丁中加入適量熟油、醬油、胡椒粉、食鹽，將所有材料拌勻。

四. 在提前備好的綠豆粉皮上，舀入拌好的筍丁、蕨丁、魚丁、蝦丁，將粉皮的各個角向內折疊。

五. 水上氣後，將包好的山海兜擺盤，上鍋，以大火蒸3分鐘。

製作參考：宋．林洪《山家清供》

春采筍、蕨之嫩者，以湯瀹過，取魚蝦之鮮者，同切作塊子，用湯泡，暴蒸熟，入醬、油、鹽，研胡椒，同綠豆粉皮拌勻，加滴醋。今後苑多進此，名「蝦魚筍蕨兜」。今以所出不同，而得同於俎豆間，亦一良遇也。名「山海兜」。

---

① 兜子：形狀很像古代兵士的頭盔（即「兜鍪」），故名「兜子」。兜子一般以餡心命名，《東京夢華錄》卷四《食店》記載「魚兜子」，卷二《飲食果子》記載「決明兜子」。

「江上冰消岸草青，三三五五踏青行」

若不是工作要交差，不想耽誤了同事，我恐怕直接臥床，一點兒也不動彈。
本應該是頭3月出現的「孕反」，倒是在5個月時找上了門來，這半個月裡我坐也不是躺也不是。腰酸腿重，多休息能緩解，可從嘴到腹都對酸甜苦辣失去了興趣，這真是要了我的命。

雖說半月也不過10來天的光景，卻讓我覺得像過了半年一般漫長。我只能等著胃腸恢復運作，但它們就是拒絕應許一個期限。明媚的春景更是無心欣賞，這麼遺憾地一想，連春光鋪滿床鋪的溫柔也只會令我煩躁。

日子都懶得數了，身心就這麼熬著。
這天早上，丈夫煮了蛋花湯，告訴我這是他家春分的傳統，喝湯春夏不染疾。說來也奇怪，我一口氣喝了一鍋，還有力氣洗碗。

這時我才愕然，胃裡一直壓著的那塊石頭說消失就消失了。丈夫需要進城取個東西，問我是否願意一同前往。
我趕緊起身，一邊走向衣櫃，一邊盤算著怎麼能順路去看看西溪的翠柳新芽。心裡的喜悅，怎麼也形容不出來。

丈夫像是能看出我這心思，提議中午去濕地裡的餐廳打尖。
我心裡一想起那濕地盡是春風花草香，沙暖睡鴛鴦的景色，便不由自主進了廚房。得在籃子裡裝滿可口的食物，挑塊軟糯的草甸席地而坐。髮尖徜徉在陽光裡時，眼前三三五五的踏青人兒也成了景兒，正好四野春工遍，柔風動賞心。
那麼，這道菜，一定得是盤遊飯[①]。

盤遊飯①

一則應了這踏青的好天氣，二則便信了這匯集了山海之味的油飯，果真能給身懷六甲的人帶來健康。

① 盤遊飯：陸遊的《老學庵筆記》中記載了廣東嶺南一帶富足人家產婦會吃「團油飯」；蘇軾在《仇池筆記》中也記載，江南人好做盤遊飯，鮓、脯、膾、炙無不有，埋在飯中，里諺曰「掘得窖子」。因方言的發音不同，才有了「團油飯」「盤遊飯」兩種叫法。

◎食材

小魚
小蝦
雞肉
臘肉塊
豆豉
香蔥
桂皮
大米
生薑

◎

做法

一. 將臘肉塊洗淨切片。
二. 將魚蝦處理洗淨後，放適量食鹽、薑片醃製。
三. 鍋中加水，依次放入薑片、蔥結、桂皮，水開後，入雞肉煮至七分熟撈出，遂放鹽醃製。
四. 鍋內放少量油燒熱，以中火煎魚、蝦、雞肉至雙面金黃。
五. 鍋內剩餘的油脂用於小火煸豆豉。
六. 大米淘洗乾淨，入砂鍋中烹煮，水開後，即可將臘肉片、薑絲，以及煎炒好的魚、蝦、雞肉、豆豉鋪於其上，繼續燜熟。

製作參考：宋．蘇軾《仇池筆記》

江南人好作「盤遊飯」，鮓、脯、膾、炙無不有，埋在飯中，里諺曰「掘得窖子」。

筍蕈酢

「北饌厭羊酪，南庖豐筍菜」

自春筍破土而出後，家裡的筍也愈堆愈高。外出幾日回家的丈夫驚歎：「這是把臨安哪個山頭的筍全搬回來了？」

今年的春筍真是好收成。街市農夫老伯籮筐裡的筍，筍殼黃如朝陽，筍肉白如象牙，掐一掐根部會有汁水染指，是看著筐裡就會想到碗裡的美味。
家住臨安的友人也贈予一些，春筍還帶著濕泥就進了家門，房間裡盡是「山的味道」。

「寧可食無肉，不可居無竹。」
視竹為品性高潔之雅物的宋代士人，願在盛產竹筍的江南逗留時多享用這美味。如要舟車旅行，或是錯過了春筍的好時節，通過以下方法，筍也隨手可得。

把筍蒸軟，將生薑、蔥絲、蒔蘿等炒出香味，拌好放到醃菜罈內，可存放數月。嘴饞時，打開罈子抓一碗，配粥下酒皆可口。

把食物用醃製的方式長期保存，稱為鮓[①]。

食物發酵，妙在食材多一味，量多一錢，味道可能大大不同。若是兩種食物相生，相處融洽，月餘後開罐，更多一些驚喜。
做鮓最需要經驗。

將蘑菇和筍放同一醃罈裡，蘑菇鮮美味濃，竹筍清香帶澀，多種香料依附其上，纏繞多日，終成一體，蘑菇的濃郁留在竹筍的清澀裡。
筍蕈酢的美譽就流傳了下來。

我用兩個罈盛筍蕈酢，可以從春分吃到夏至。

---

① 鮓：我國古代獨創的一類醃製發酵食品，始於漢，到唐宋到達頂峰。在宋代，萬物皆可鮓，如玉板鮓、黃雀鮓、胡蘿蔔鮓、茭白鮓、藕梢鮓、披綿鮓、逡巡鮓、荷葉鮓、茄鮓、奇絕鮓菜……

◎ 食材

筍250g
蘑菇500g
蒔蘿籽8g
花椒5g
生薑一塊
香蔥一大把
食鹽

◎ **做法**

一. 筍去殼洗淨切片，蘑菇切片備用。

二. 熱鍋熱油，倒入生薑、蔥末、蒔蘿籽、花椒，以小火炒香，加入適量食鹽調味，晾涼待用。

三. 水上氣後，將筍片、蘑菇片上鍋，以大火蒸約20分鐘，至筍片、蘑菇片變軟。

四. 待筍片、蘑菇片晾涼，將其與此前炒好的香料拌勻。

五. 將所有的材料放入醃菜罈內，封好口，在罈口倒一圈煎好的蔥油，醃製兩周。

六. 臨吃時，打開罈子，抓一碗，以熱油炒熟即可，配粥極佳。

製作參考：宋・陳元靚《事林廣記》

大筍去頭，大肉蕈不以多少，細切，籠床內候氣來，蒸之，看軟取出，控乾。炒末末生薑、蔥絲、蒔蘿、川椒，多用熟油，白鹽炒一處，拌勻，按入新瓶內，緊紮面上，再用蔥油蓋，不可犯生水。

三月

「勝日尋芳泗水濱，無邊光景一時新。
等閒識得東風面，萬紫千紅總是春。」

《春遊晚歸圖》佚名　宋

寒食節

「寒食清明人意閑，春城士女出班班[1]」

小時候會在清明節隨家人掃墓插柳，清明節掃墓和正月十五的祭拜不一樣，不可設香火，只以紙錢掛於塋樹。問及原因，長輩只答「天乾物燥，小心火燭」。老家的清明時節總是持續三五日雨紛紛，心中疑惑難道清明點的是三昧真火，不可輕易撲滅。

直到後來知道了清明節之前還有一個重要日子，掃墓之俗來源於此，謂之寒食節[2]。寒食節風俗有禁火、插柳、上塚、登山等。

相傳，一開始寒食火禁要持續一個月，其間不可用火，連燒飯也

---

① 春城士女出班班：宋時女子身居深閨，不可隨意外出，寒食節借祭祖和假日之便出門踏青，紛紛以最美的衣服妝容出現，街上、各景點都是打扮漂亮的女子。

② 寒食節：寒食節的來源有3種不同的說法，即周代禁火說、改火說和介之推紀念說。具體故事不在這裡贅述，總之，火對人類來說很重要，根據對火種、火神的想像，民眾生出了對火的各種信仰和理解。3種說法相互交融並流傳下來，讓寒食節變成了一個具有祈福、禳災性質，以及極具社會倫理道德內涵的節日。
宋代寒食節除了繼承禁火、吃冷食等習俗，和前代不同之處在於其活動範圍拓寬了，與踏青、春遊等世俗活動結合緊密，因而它成為宋代三大節日之一，也不足為奇。

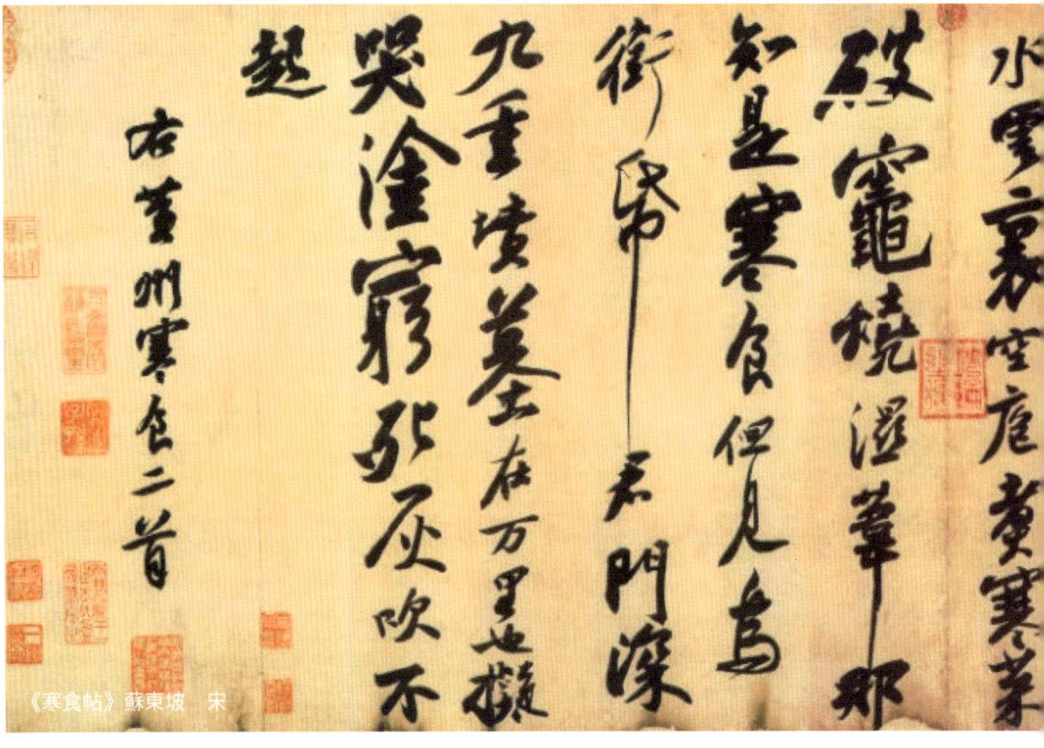

《寒食帖》蘇東坡　宋

不可以，於是人們就只能提前準備好便於保存的食物，以度過漫漫寒食月。

這是很苦的日子，沒有取暖之火，體弱之人被凍得生病，從歲暮天寒到春寒料峭一直吃著冰冷的食物，實在不可取，於是到宋時，禁火的日子已逐漸縮短到3日。

準備3日9餐「不開火」也能吃的食物，可給了宋代的饕客廚師們一個命題作文式大顯身手的機會。於是，那些既承節日傳統之志、應節氣之便，又形美味佳，還便於存儲和攜帶的「寒食名菜」多出於宋，一頁紙都寫不完。

無怪乎有諺語調侃：「饞婦思寒食，懶婦思正月[①]。」

把本來苦得「冰冷」的日子，過成令人期待的節日，化苦為樂，大概是因為宋人格外嘴饞吧！

寒食節總能遇上春遊踏青的好天氣，不用生火也能吃上的美食正好派上用場。對了，除了帶上裝滿食物的籃子和野餐墊，還得把自己好好打扮一番，引得詩人情不自禁吟誦「春城士女出班班」「遊人春服靚妝出」等詩句才可。

① 饞婦思寒食，懶婦思正月：出自《醉翁談錄》。「思正月」是因為「正月女工多禁忌」，「思寒食」則說明寒食節期間食品之豐美。

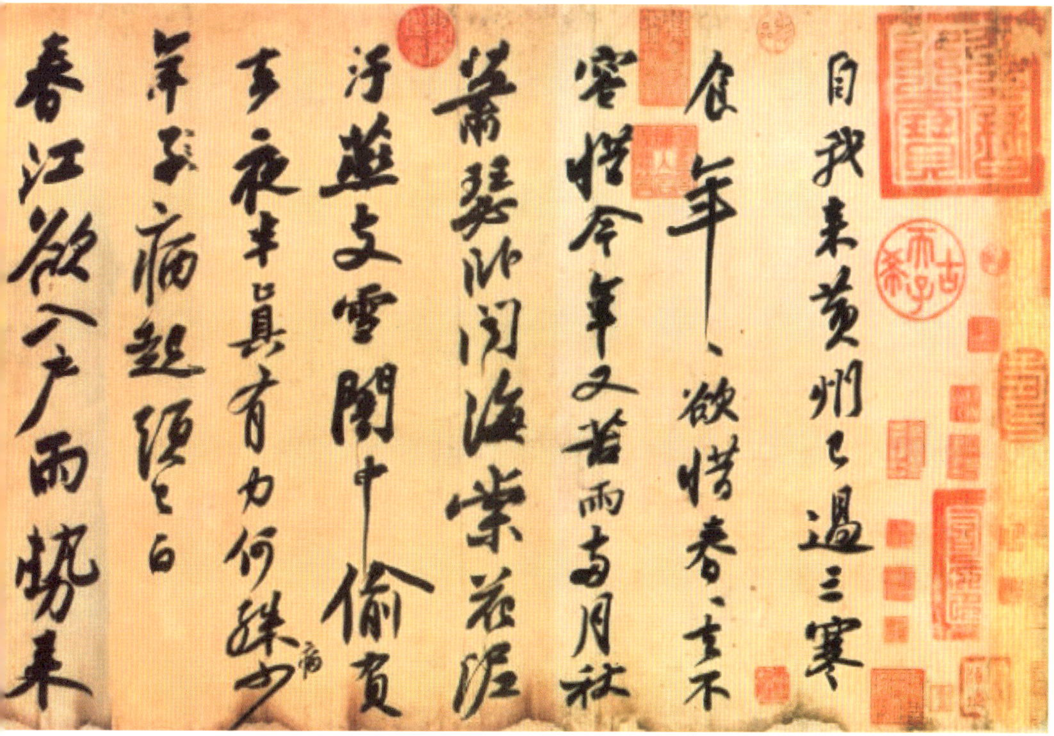

凍薑豉

凍薑豉[1]的妙處在於它「不可加熱」，加熱反而會失了本味，壞了形態。前人對著冰冷的飯菜為難時，凍薑豉以其因寒而美的姿態，成為寒食美食中最受歡迎的一道。

如今人們吃的肉凍前身即為凍薑豉。

◎食材

- 豬蹄一隻
- 豆豉
- 花椒
- 陳皮
- 生薑
- 香蔥
- 醬油
- 食鹽

① 薑豉：薑豉是一類食物的總稱。用豬蹄做，叫「凍薑豉蹄子」；換用雞肉，就是「薑豉雞」；換成魚類，則是「薑豉魚」。

◎ 做法

一. 將豬蹄切塊放入鍋中，依次加薑塊、蔥結、花椒、陳皮，水開後，小火燉煮半小時。

二. 撈出薑塊、蔥結、花椒、陳皮等材料，繼續小火燉煮一小時，加適量食鹽調味。

三. 將豬蹄撈出晾涼，拆卸豬骨頭、肉皮。

四. 將肉皮切成小塊，平鋪於容器中。

五. 將肉汁倒入容器中，沒過肉皮，密封冷藏一晚，使之呈肉凍狀。

六. 將豆豉下油鍋以小火炒香後，拌入醬油、薑粒備用。

七. 將豬肉凍切片，拌上調好的薑豉汁。

製作參考：宋・陳元靚《歲時廣記》

歲時雜記：寒食，煮豚肉並汁露頓，候其凍取之，謂之「薑豉」。以薦餅而食之，或剜以匕，或裁以刀，調以薑豉，故名焉。

杏酪麥粥

宋人的後廚裡不乏蜜糖和蔗糖，都甜過飴餳[①]，若想喝甜粥，實屬易事。可到了這寒食月，添甜味得用回穀物糖，並加大麥仁、杏仁粉一起熬，出鍋時濃稠而綿密，一小碗就飽腹。在曾經漫長的寒食季，一鍋微甜的餳粥維繫了一家人的生命。

如今，人們再喝這餳粥，多是對苦盡甘來的感慨。「老病不禁餽食冷，杏花餳粥湯將來。」

◎ **食材**

大麥仁150g
杏仁30g
麥芽糖適量

① 飴餳：飴餳是我國古代最早使用的人工製糖，屬於穀物糖，如麥芽糖。在蜂蜜和蔗糖提煉製作技藝成熟之前（唐宋之前），古人的甜味添加劑主要為飴餳，但飴餳的甜度低，不易溶於水。嚴格遵循寒食節習俗的古人主要吃容易飽腹的麥粥度過漫長的寒食月，如想要在這期間「嘗一點甜頭」，只能把餳加到粥裡，故而有了「造餳大麥粥」。

◎ 做法

一. 將大麥仁洗淨，提前浸泡一晚。

二. 將杏仁洗淨，提前浸泡一小時。

三. 往研磨缽中倒入杏仁，加水100mL，研磨成杏仁漿。

四. 將浸泡好的大麥仁倒入砂鍋中，加水800mL，大火燒開後轉小火，熬煮一小時至呈粥狀。將磨好的杏仁漿倒入鍋中，繼續熬煮至麥粒呈開花狀。

五. 按照自己喜好的甜度，加入麥芽糖。

製作參考：宋．陳元靚《歲時廣記》

玉燭寶典：今人寒食悉為大麥粥，研杏仁為酪，引餳以沃之。

洞庭①饐

小時候，清明節時家人會蒸「艾葉粑粑」吃，因為是艾葉做的，自然承其青色，並呈扁圓狀，蒸熟後蘸白糖，或油炸後淋糖漿，半口清香自艾葉，半口甜美自糖霜，實在令人難忘。妹妹長大後去了北方，總念這口「粑粑」，像一口下去，春天才宣告到來。

江南這邊的「艾葉粑粑」叫「青團」，名中不提及食材，因其「青色」既可取自艾葉，也可取自鼠曲草，我還見過用苧麻葉或菠菜葉做的團子。凡能將這糯米團子染成春天的顏色，皆可取。

林洪自是不會用「粑粑」和「團子」形容這明亮的春味，以食喻人還差了點什麼。正值山頭橘子樹生出新葉，較青團的絞衣更濃郁，近蕙倩。蕙倩似一輕衫著絞衣之上，食物因此有了層次，既承橘自古就有的品性高潔之喻，又有洞庭之美名，一道民間的小吃遂成就了士人詠春之雅興。

不過，只有書本能記住那略顯拗口的雅名，還得是小孩兒也好念的「團子」和「粑粑」，流傳至今。

---

① 洞庭：唐宋時期，洞庭山所產的橘子天下第一，於是時人將洞庭作為橘子的雅稱，後人也沿用此名。《吳郡志．土物下》載：「真柑，出洞庭東、西山。柑雖橘類，而其品特高。芳香超勝，為天下第一。浙東、江西及蜀果州皆有柑，香氣標格，悉出洞庭下。」

◎食材

橘子葉2片
鼠曲草150g
糯米粉90g
粘米粉60g
蜂蜜50mL
水50mL

◎做法

一. 將鼠曲草洗淨焯水，切極碎，備用。

二. 將橘子葉洗淨，取小而嫩的10片用於切碎搗汁，加50mL水濾汁。另外，大且勻稱的10片留待包裹粉團。

三. 將糯米粉、粘米粉、蜂蜜、鼠曲草碎混合抓拌均勻。

四. 橘葉汁燒開後，直接倒進米粉中，快速將其揉成光滑粉團，蓋上紗布發酵20分鐘。

五. 將米粉團揪成每個50~60g重的小劑子，團成小球後稍稍壓扁，以橘葉包裹。

六. 水上氣後，將粉團上鍋蒸8分鐘，關火繼續燜2分鐘即可。

製作參考：宋・林洪《山家清供》

舊游東嘉時，在水心先生席上，適淨居僧送「饐」至，如小錢大，各和以橘葉，清香藹然，如在洞庭左右。先生詩曰：「不待滿林霜後熟，蒸來便作洞庭香。」因詢寺僧，曰：「采蓬與橘葉搗之，加蜜和米粉作，各合以葉蒸之。」

花朝節

「小樓一夜聽春雨，深巷明朝賣杏花」

「歌縹緲，艫嘔啞，清酒如露鮓如花。」

杭州的花朝節[①]從元宵節後就開始了，直到穀雨結束。夏季的花其實更盛，但人們卻對慶祝隨處可見的繁花似錦失去了興趣，更愛在天氣由寒轉暖時欣賞含苞欲放的花朵，趕花朝節的盛況彷彿是人們和大地一起復蘇做的努力。

前幾日乘搖櫓船進入西溪濕地深處，乘微風悠悠到一小島下船，轉頭看到船身，赫然寫著「花界人間開放日入口」。

在江南，大抵什麼花都能尋到，每個星期都能收到「花界新聞」：某公園的某花開得太盛，惹到了路人的眼睛，大家紛紛奔相走告，勢必要把這招搖的行為曝光。

但西溪濕地裡的花，開得自由隨性，藏在藤蔓、浮萍、茂林裡，壓根就不想讓你找到，你若有特別想欣賞的品種，得秉著性子把風景都欣賞一遍，它才不緊不慢地出現。

---

① 花朝節：農曆二月十五是花朝節，宋代又稱「挑菜節」「撲蝶會」，南宋時活動以賞花為特色，每逢此日，臨安（今浙江杭州）城中居民紛紛到各個名勝佳處「玩賞奇花異木」。杭州於2008年開始逐漸恢復花朝節活動，現每年舉辦一屆。

《牡丹圖》佚名　宋

玲瓏牡丹鮓

就連牡丹這豔麗富貴的花在這濕地裡也彷彿沒了爭奇鬥豔的氣質，它在水草豐茂、樹木叢生的綠色裡自顧自地搖曳著，竟生出幾分野性。

牡丹最盛在洛陽，隨官家南下的國色天香，自是不如在舊都的華麗名貴。但吳越江南自有賞花的雅韻，便是和這「桃花流水鱖魚肥」的美景與生機一起吟唱。「陽和不擇地，海角亦逢春。憶得上林色，相看如故人。」

◎食材

鱸魚一條

紅麴粉一小勺

生薑

食鹽

◎ 做法

一. 將鱸魚斷尾去鰓及內臟，清洗乾淨後，取魚腹肉，剔下魚骨。

二. 將魚腹部分片成薄片並修成牡丹花瓣狀。

三. 紅麴粉中加少量水、適量食鹽調和。

四. 將紅麴粉漿、薑片與魚片抓拌均勻，密封醃製3日。

五. 取醃製好的魚片，擺成牡丹花狀。

六. 待水上氣後，魚片入鍋，以大火蒸製8分鐘，再關火燜2分鐘，端出即可。

製作參考：宋．陶穀《清異錄》

吳越有一種玲瓏牡丹鮓，以魚葉鬥成牡丹狀。既熟，出盎中，微紅，如初開牡丹。

松黃餅[①]

花界之物不可帶回人間，那船夫把船靠在碼頭，趕緊出艙到甲板站定，仔細目送著眾人離開。生怕花靈附在哪根花蕊裡就跟著人去了。

丈夫指著通往馬路的一片野地，堅信這裡不屬於花界管轄，希望我能有所行動。這自是因為我應許這次從花朝節採集新鮮的食材，給他做花饌下酒。野地裡倒是零零散散有一些湛藍的斑種草和一年蓬，還有正盛的蛇床、狗肝菜，雖生機勃勃，但都不太適合做點心。

正擔心不能盡興而歸時，抬頭看到兩棵松樹在野地的盡頭，隱約能見那松枝已含著嫩黃。

這不就有了嗎，駝峰、熊掌都比不過，以松黃餅佐酒，有超俗之意，需搭配《歸去來兮辭》[②]一起品味。

◎食材

松花50g
蜂蜜300mL

---

① 松黃：就是馬尾松的松花；可以用來做食物，可以用來泡酒。蘇軾便在詩中寫「崎嶇拾松黃，欲救齒發弊」。大致意思是說，松黃對緩解牙齒鬆動和脫髮問題有益處。

② 《歸去來兮辭》：晉．陶淵明的詩。林洪在《山家清供》中提到，有一天他去拜訪陳介，陳介留他飲酒。兩個童子走出來，吟誦陶淵明的《歸去來兮辭》，並端上松黃餅佐酒。他突然產生了歸隱山林的念頭，覺得這樣的生活也很好。陶淵明安貧樂道的精神，對後世影響頗為深遠。

◎ 做法

一. 將松花倒入鍋中，以小火炒至香熟。

二. 取蜂蜜置砂鍋內，小火煮沸，撈去浮沫及雜質，保持小火不停攪拌，以蜂蜜滴入水中不暈散為佳。

三. 將松花與煉製好的蜂蜜混合，壓入模具中擺盤食用。

製作參考：宋・林洪《山家清供》

春末，采松花黃和煉熟蜜，勻作如古龍涎餅狀，不惟香味清甘，亦能壯顏益志，延永紀筭。

百花香茶

「天臺乳花世不見，玉川風腋今安有」

清明之後的這個月，若要送禮，杭州的龍井茶是首選。若要求得真正的龍井茶，在杭州七拐八拐總能找得到「龍井村裡的人」，對暗號一般地交流幾句：是明前的吧？獅峰山能有嗎？實話講千金難買！那梅家塢的龍井43呢？你出這價錢只能去沿路的農家碰碰運氣……

龍井的真假、等級難辨，繼而衍生出了一門「龍井學」。我學不明白，今年索性不求那「三咽不忍漱」的清香了。安吉的友人前日贈予一罐白茶，瀹飲一杯，味雖不及龍井悠遠清香，但醇韻卻不輸半點，回甘生津，餘香繞齒。

往年慣用綠茶點茶，承宋風「追求輕飲，不加作料」，這次想用上這趟佶也難求一團的白茶，再加一點口味——百花香茶①也是民間茶肆嘗新奇的飲法。花朝節裡尋來的幾朵橘子花，正好派上用場。一場雨下來，茉莉花、梔子花也已開了頭花，摘下稚嫩的幾朵放入籃子。最難尋的是隨秋雨而生的桂花，好在古人也善用乾花製飲，從藥材店買了幾兩乾桂花，香味不輸鮮花。

雖說「百花香茶」，但點茶的步驟和手法可一點都不敢怠慢。一個步驟不穩，茶色不至青白，茶味不及甘滑，餑沫難如花似乳，都不可謂之上乘。

---

① 香茶：用各種香料窨製茶葉，再用作點茶原料，在宋代已有此做法。

◎食材

- 白茶
- 橘花
- 茉莉花
- 梔子花
- 乾桂花

◎做法

一. 窨茶。將花用透氣性較好的宣紙包紮，放置於白茶盒中進行窨製，使花帶有香氣。

二. 炙茶。隔一宿，取出花包，然後將白茶隔火烘乾。

三. 碾茶。炙茶後迅速趁熱碾茶，以保茶色，不能碾太久（碾必力而速，不欲久，恐器之害色）。

四. 磨茶。使用石磨，將碾好的茶葉磨得更細。

五. 羅茶。羅茶比碾茶更需耐心。羅茶的目的是篩選出足夠細的茶粉，「羅細則茶浮，粗則水浮」。得用四川鵝溪絹那麼細密的茶羅底來篩才行，但鵝溪畫絹密度小的孔很容易被粗粉堵塞，粗在下細在上，細茶粉下不來實在可惜。沒有更好的辦法，唯有端正姿勢，輕而平，不厭數，羅一次，再羅一次。到此時，出羅的茶粉已盡顯茶色。

六. 候湯。「候湯最難」，蔡襄和皇帝都這麼說，蟹眼法①好用但「沉瓶煮之不可辯」。然候湯又極為重要，「未熟則沫浮，過熟則茶沉」。我非日日飲茶之人，魚目蟹眼之法不得要領，怕壞了茶神，便讓煮茶壺直接告知我溫度。

一

三

四

五

六

① 蟹眼法：指候湯的時候觀察水溫的方法，即水微微沸騰冒出像螃蟹眼睛大小的泡泡時，水溫最適合。「未熟則沫浮，過熟則茶沉。」

◎ **做法**

七. 熁盞、開筅。「凡欲點茶，須先熁盞令熱，冷則茶不浮。」往茶具裡盛入半盞沸水，轉動盞身與茶筅，直至盞外壁也有溫熱。

八. 調膏。舀入一茶匙茶粉，注入極少量熱水，轉動茶筅使茶粉成無顆粒膏狀。

九. 加湯。

第一湯：沿盞壁周回一圈注入熱水，茶筅以「一」字形在盞中央快速叩擊20～30下，至茶沫初成。

第二湯：再次周回一圈注入比第一湯稍多的熱水，茶筅依舊以「一」字形在盞中央快速叩擊20～30下，此時茶沫更細、更厚，顏色更淡。

第三湯：周回一圈注入熱水至1/3盞處，此時茶筅可提高一些，不必觸底，以「一」字形平移在盞面快速擊打50～60下，此時茶沫接近白色。

第四湯：周回一圈注入少量熱水，提高茶筅，主要在茶沫表面擊拂，此時茶筅隨茶面提高，動作可稍緩，茶沫變細，基本無大顆粒，至此點茶能否成功，約九成可定。

第五湯：點注少量熱水，根據茶湯情況，在表面擊拂，此時表面呈雪乳狀，則佳。

第六湯：點注少量熱水，在表面稍加擊拂，至茶乳點點泛起。

第七湯：點注熱水至茶盞九分處，緩慢稍加擊拂，茶乳溢盞而起，凝結不動。

點茶最需技藝，力道、頻次控制精妙，得乳白湯花不掛盞壁。論其中奧妙，唯手熟耳。

我的點茶技法逐字追隨七湯點茶法①，7次注水擊拂，每次要領不同，湯色茶沫也盡顯不同姿態。

這七湯點茶法是早年我對宋食感興趣的原因之一，宋徽宗用了幾近燦爛的文字去描寫這點茶的過程：在調茶膏的時候就已經「燦然而生」「疏星皎月」，而後「珠璣」漸落，點湯後生出「雲霧」，然後結「浚靄」「凝雪」，最後盞中出現「乳霧」，手中那三寸茶盞裡竟能生出日月星辰、白雪陽春。宋人對雅致之美的追求雖極致，卻總源於身邊可摸可感之物，生動親切；雖是生活日常，卻蘊集著士大夫對天地萬物的體悟。

更重要的是，這千年而來，人的五感變化最少，食材之本味變化最少，若按古人之法製美味，不正能品最真切的古人之意嗎？

製作參考：宋．陳元靚《事林廣記》

腦麝香茶：腦子隨多少用，薄藤紙裹置茶合上，密蓋定。點供，自然帶腦香，其腦又可移別用，取麝香殼，安罐底自然香透尤妙。

百花香茶：木犀[2]、茉莉、橘花、素馨等花，又依前法熏之。

---

① 點茶法：由煎茶法衍生而來，更加講究，逐漸形成了包括將團餅炙、碾、羅，以及候湯、點茶等一整套規範的程式。點茶法尤其注重「點茶」過程中的視覺享受，發展到北宋末年，點茶成為上至皇親貴冑，下至升斗小民共同追求的一種感官愉悅，將形而下的感官享受提升為形而上的探索，在精神領域追求美感的昇華，中國茶道在此時更進一步，進而影響了日本茶道的誕生與發展。但點茶法又存在劍走偏鋒的審美發展路線，元代尚且流行，但於明洪武年間被禁止，逐漸沒落失傳。「七湯點」茶法，按照宋徽宗趙佶所作《大觀點茶》進行。

② 木犀：木犀即木樨，也就是桂花，名貴香料。

四月

「迤邐時光晝永，氣序清和。
榴花院落，時聞求友之鶯。
細柳亭軒，乍見引雛之燕。」

《盥手觀花圖》佚名　宋

青精飯

「一缽青精便有餘，世間萬事總成疏」

前幾日和小弟通話，得知母親準備去老家的一座古寺，參加那裡的祈福儀式。

古寺路途遙遠，母親準備去住一晚，把照顧父親的工作交給小弟。母親往常也只在年關時做一些祈福活動。今年她早早安排好手中的活準備遠行，彷彿家人健康平安的重任落在她一人身上，無論如何也要向佛祖好好求個福氣。

小弟匆匆講了幾句便照顧父親去了，他已是可以照料好兩老的年紀，我本不用擔心，但心中仍是幽愁。轉而和肚子裡的孩子聊起此事：何為孝道，何為福氣，何以長久，何求永生。嘴裡嘮叨著，手裡也不願閑著，把前些日子去街市要來的南燭葉[①]染了飯吃。

南燭葉四季常青，但如今的杭州要等立夏才吃烏米飯，因此等到這個月才上市。浙東、閩南、廣西也吃烏米飯，寒食上巳浴佛節[②]，時節不盡相同，食物卻有不同之處。

烏米飯得以傳承至今，不過是古人堅信它能養生。在這悠長的歲月裡，任時日改變，每一個可以許願的日子，人們求的，以平安健康為首，從未改變。

奈何南燭葉味淡，不符合我此刻的口味，只得抓些蝦米、雞蛋、當季水竹筍炒烏米飯，色彩搭配上清新誘人，味蕾層次上又兼顧了大海與山野的鮮味，非常好吃。

吃完，肚中孩子似乎非常喜歡，歡脫地蹦躂著，還打了個嗝。

「青精飯[③]，首以此，重穀也。」

米飯這麼重要，你又那麼喜歡，不如為你取名「飯飯」吧。

① 南燭葉：可以將飯染烏的植物太多，南燭葉到底是不是後人所指認的烏飯葉，烏飯草和烏飯樹、楊桐、烏桕葉又是否為同一植物，雖有古籍記載，但礙於圖文記錄條件有限和各地方言不同，至今仍無法確定。而今各地凡能製作「烏飯」的，就是「烏飯葉」。

② 浴佛節：即「佛生日」「佛誕日」。

③ 青精飯：青精飯源於道教。宋代開始佛家也將青精飯作為齋食。

◎食材

南燭葉500g

糯米

砂糖適量

注意：500g南燭葉可泡1500g糯米，如一次用不完，
新鮮的南燭葉汁可密封在冰箱裡存放一週。

◎ **做法**

一. 去掉南燭葉的小枝條，只留樹葉部分。

二. 洗淨葉子，加入少量水，將葉子搗爛，濾出汁水待用。

三. 將汁水倒入洗好的糯米中，繼續加水，直至沒過糯米，攪勻，讓每一粒糯米都能吸飽汁水。

四. 浸泡一晚，使糯米均勻染成青黑色。

五. 燒一鍋水，水上氣後轉中火，將浸泡好的糯米蒸30分鐘。

六. 蒸好的糯米，可直接就菜吃，也可以拌糖吃或做烏飯粽。

製作參考：宋·林洪《山家清供》

青精飯，首以此，重穀也。按《本草》：「南燭木，今名黑飯草，又名旱蓮草。」即青精也。采枝葉，搗汁，浸上白好粳米，不拘多少，候一二時，蒸飯。曝乾，堅而碧色，收貯，如用時，先用滾水量以米數，煮一滾即成飯矣。用水不可多，亦不可少。久服益顏延年。

櫻桃煎

「午醉醒來一面風。綠蔥蔥。幾顆櫻桃葉底紅」

佛誕日後的杭州，開始有了淺淺夏意。我隔天就會去街市尋覓一番，本不該如此費勁，那紅色的小朱玉們在蔬果攤裡一眼就能看見，只是奇怪，櫻桃應季，怎麼沒有人賣了。

後隨友人去龍塢探訪，這才在茶山下遇上了賣櫻桃的農婦。兩個扁擔裡盛著晶瑩的果子，一個擔裡放成串的，另一個擔裡一粒粒果子堆成了小丘。

農婦閒聊道：「再賣兩天今年櫻桃就過季了，家裡3棵櫻桃樹，都賣給到龍塢旅行的人。」

有了洋櫻桃，四季都能吃到，世人便不像從前，錯過也不覺得惋惜了。

古人卻很珍惜，他們想辦法留住了這「百果第一枝」的美味。

◎ **食材**

櫻桃1500g
青梅5顆
水400mL
砂糖適量

◎ **做法**

一. 將櫻桃去蒂，洗淨。
二. 水開後，放入青梅，小火煮3分鐘，至青梅果香四溢，果皮綻開，即可撈出。
三. 將櫻桃倒入青梅水中，小火熬煮，不停攪拌，至果核脫離，將果核夾出。
四. 繼續以小火攪拌熬煮至黏稠狀態，待果醬晾涼，將其舀入模具中定型。
五. 臨吃撒把糖，即成櫻桃煎。

含桃丹更圜，輕質觸必碎。
外看千粒珠，中藏半泓水。
何人弄好手？萬顆擣虛脆。
印成花鈿薄，染作冰澌紫。
北果非不多，此味良獨美。
楊萬里《櫻桃煎》

製作參考：宋・林洪《山家清供》

楊誠齋詩云：「何人弄好手？萬顆擣虛脆。印成花鈿薄，染作冰澌紫。北果非不多，此味良獨美。」（指櫻桃煎）要之，其法不過煮以梅水，去核，擣印為餅，而加以白糖耳。

蜜浮酥柰花

小滿第二天杭州開始下雨，持續了一個星期，低樓的牆體竟溢出水珠來。孕婦易燥熱，身上又黏糊不已，我整日坐立不安，只好早早開了冷氣，不出房門，隔著竹窗聽雨。

倒是因而偷得兩日清閒，能琢磨出一道精緻的點心。宋人的菜道道別致，可稱得上「最精緻」的，恐是上得了皇室宴會餐桌的才算。

蜜浮酥柰花，御宴第六盞下酒菜，只為它配了一道假鼋魚。酥油①凝成茉莉花的恬靜，置於琥珀色蜂蜜之上，侍女上菜時花隨杯盞輕搖，讓人想起寺前長明的佛燈。

小滿時已是初夏，茉莉花相繼開放，成一道「酥柰花」是再適合不過了。

品這道點心時最好先用勺子挖下一片花瓣，這樣不破壞美感，蜂蜜已浸於花瓣底部，不用特意多取。酥油圓潤綿密，先蜂蜜化於口中，蜂蜜甜膩卻柔順，為酥油化作的油脂香添了甘甜，一併送往唇齒間，餘味繞喉。

古籍未記載此菜的詳細做法，不知柰花之名是否意味著形味皆有。不過我自小喜愛茉莉花的清香，便讓酥油吸足茉莉花香，再製作花型。

① 酥油：酥油顏色與產奶的動物品種有關，如今奶牛所產的奶多為黃色（黃油），水牛奶多為白色。古時中國產奶的牛多為本地水牛，故白色酥油更接近茉莉花的純白，遂有了這道菜。然今水牛酥油實在難尋，只能用黃酥油代替，略有遺憾。

◎ 食材

酥油200g

茉莉花

蜂蜜適量

器具（可用茉花樣的模具輔助定型）

◎ 做法

一. 將酥油放在盤中，隔水加熱至液態。

二. 將酥油放入冰箱冷藏至凝固狀態，將清洗後的茉莉花倒扣在酥油上，靜置一晚。

三. 去掉茉莉花，刨用最上層的酥油，將酥油再次加熱至液態，然後倒入茉莉花樣的模具中冷凝定型。

四. 將酥油茉莉花從模型中取出，置於蜂蜜水上。

一

二

三

四

製作參考：宋・吳自牧《夢粱錄》

第六盞再坐斟御酒①，笙起慢曲子。宰臣酒，龍笛起慢曲子。百官酒，舞三台。蹴球人爭勝負。且謂：「樂送流星度彩門，樂西勝負各分番。勝賜銀碗並彩緞，負擊麻鞭又抹槍。」下酒供假鼋魚、蜜浮酥捺花②。

---

① 御酒：御宴會一共會喝9盞御酒，每盞御酒喝畢，都有文娛表演供觀賞。宋徽宗國宴功能表記載，下酒菜從第3盞御酒開始上，到第9盞共6批次，蜜浮酥柰花便是喝第6盞御酒時上的下酒菜。

② 捺花：柰花，即茉莉花。

五月

「輕汗微微透碧紈，明朝端午浴芳蘭。
流香漲膩滿晴川。」

《村醫圖》李唐　宋

端午節①

母親從家鄉寄來一箱艾草和菖蒲②，她不確定城裡有沒有賣這些東西。

她寄得尤其多。我的預產期將近，她可能怕少了沒法徹底驅邪除惡。

正午時用艾草菖蒲水泡澡是端午當天一定要做的事。記得有一年我和妹妹跑去山上玩沒在正午趕回家，於是那一年我倆只要有病痛全都怪罪於「惡月除惡」不徹底，疫氣易侵。

在杭州賣艾草、菖蒲的小販可是生意興隆，早上9點不到就收攤了。

於門梁上掛好艾草、菖蒲，餘下的一半用來給丈夫泡腳，一半用來做食物。街市上賣紫蘇的農人念我是熟客，又贈我幾朵自家種的梔子花。

我心裡盤算著多做一些粽子和幾盤食饌，粽子給老家送一點，點心熟水給飯飯接風。

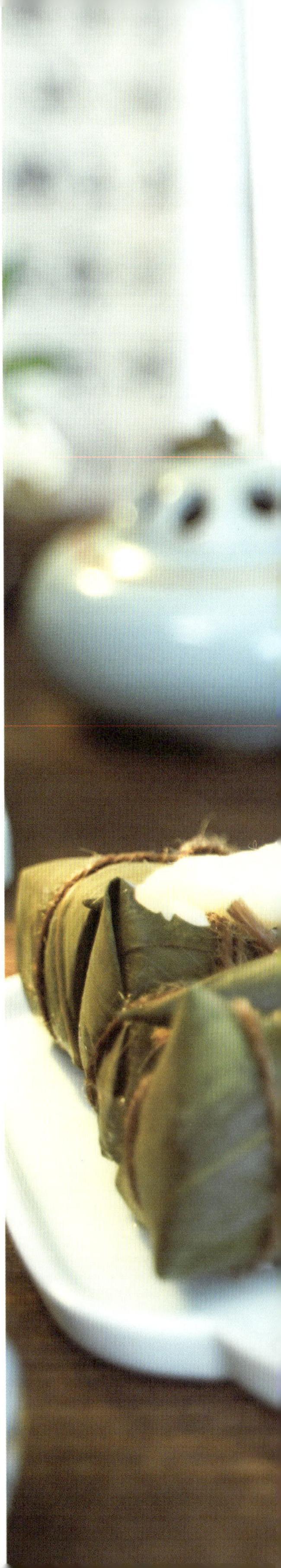

① 端午節：宋以前都稱「端午」，宋又稱此節為「端五」，強調初五、五行時令的重要性，並首次根據陰陽五行說，稱端午節為「天中節」。

② 艾葉和菖蒲：均為了驅邪祈福。五月俗稱惡月，多禁。五月天氣漸熱，瘟疫易起，植物蔥綠，百蟲四處活動，人們在五月往往會遇到許多生活上的災難，於是就想辦法驅邪避災。
「五月五日午時取井水沐浴，一年疫氣不侵，俗采艾柳桃蒲揉水以浴。」
「五月五日謂之浴蘭節，四民並蹋百草之戲，采艾以為人，懸門戶上以禳毒氣，以菖蒲或鏤或屑以泛酒。」
禳災驅邪，成為人們尤其是生活在南方氣候濕熱地區人們的願望。

艾香粽子①

「綠楊帶雨垂垂重，五色新絲纏角粽」

粽子一開始是白味的，叫白粽。隨著朝代更迭，人們往裡放不同的東西，到了宋代，白粽、鹹粽、甜粽都有了。

但詩人們卻獨獨對甜粽情有獨鍾。紅棗板栗入粽是宴請喝酒必備的好味（「設酒炙，果粽菹者等味，不異世中」），嘗過蜜餞粽子也要馬上記下來（「時於粽裡見楊梅」）。

江南人通常吃嘉興的肉粽，這肉粽普遍做得大，吃一個能飽腹大半天，兩人分食一個又不太夠。這次比著我自己的食量包了粽子，大小剛好，滿足食欲後，還能再飲一碗熟水。

---

① 粽子：最早是祭祀用，但在南北朝時期，夏至節日興起，人們開始對原先用於祭祀的角黍加以改造，用菰葉代替原先有毒的楝葉，使之逐漸成為夏至時節特有的食物。後端午節興起，人們將夏至之食融入其中，再後來加入紀念屈原的文化內涵。宋代對粽子的創新大概在於喜歡的果子都往裡加，什麼形狀都能做。

◎食材

糯米
紅棗
板栗
柿乾
銀杏果
紅豆
艾葉
箬葉

◎做法

一. 將糯米洗淨，浸泡一晚後，將洗淨的艾葉與泡好的糯米混勻備用。

二. 紅豆亦提前浸泡一晚；銀杏果以小火炒至皮開始爆開，趁熱去掉殼膜；板栗剝掉殼膜；紅棗剪開去核；柿乾剪成小粒備用。

三. 將箬葉卷成圓錐形，往其中裝入糯米、艾葉、紅豆、銀杏果、板栗等材料，邊裝邊用筷子捅，使材料包裹得更緊實。而後將上部的箬葉向下折，直至完全封口，最後用麻繩將粽子捆綁結實。

四. 往鍋中放入粽子，加水至沒過粽子，大火燒開後轉小火，繼續燉煮一小時即可。

一

二

三

四

製作參考：宋・浦江吳氏《中饋錄》

粽子法：用糯米淘淨，夾棗、栗、柿乾、銀杏、赤豆，以茭葉或箬葉裹之。

一法：以艾葉浸米裡，謂之艾香粽子。

端木煎

「尋常無花供養，卻不相笑，惟重午不可無花供養。」當季正盛的蜀葵花、石榴花、梔子花，都進了賣花人的車，從初一開始，一早以能賣一萬貫錢不啻。

重要的日子，供花之餘，自然要餐花。

梔子花味馥郁，插於瓶中，香溢滿屋，做成花饌也難掩香氣；花瓣不軟，和甘草麵油煎，花朵開得更盛。味與形皆存，「於身色有用，與道氣相和」。

◎食材

食材
梔子花
甘草片若干
麵粉一勺
食鹽

一

二

三

四

◎做法

一. 將梔子花洗淨，在50℃左右的熱水中燙去澀味（水溫過高則花色變）。

二. 以開水沖泡甘草片，至水色變黃，甘草味出，即可將甘草片夾出。

三. 待甘草水晾涼，倒入麵粉，攪成稀麵糊狀，加入適量食鹽調味，將梔子花投入其中，均勻裹上麵糊。

四. 熱鍋熱油，待油溫達到約200℃時，轉中火，將梔子花夾入油鍋中，煎至雙面金黃。

製作參考：宋・林洪《山家清供》

舊訪劉漫塘宰，留午酌，出此供，清芳，極可愛。詢之，乃梔子花也。采大者，以湯灼過，少乾，用甘草水和稀麵，拖油煎之，名「薝蔔煎」。杜詩云：「於身色有用，與道氣相和。」今既制之，清和之風備矣。

百草頭

端午的主題多為送瘟，從節日食律和儀式可見一斑。但嚴肅驅邪除惡之時，仍不忘摘下新出的果子放進食材籃子，杏子、梅子、李子和菖蒲、紫蘇一起暴曬於陽光下，道盡了這仲夏節日的原味。

之所以稱為百草頭，可能是為了與端午「踏百草沾露水」的活動相呼應吧。

◎食材

菖蒲

生薑

杏子

梅子

李子

紫蘇葉

食鹽

◎ 做法

一. 將菖蒲、生薑、杏子、梅子、李子、紫蘇葉洗淨切絲。
二. 將所有材料加食鹽醃製片刻。
三. 放在太陽下曬乾即可食用。

製作參考：宋· 陳元靚《歲時廣記》

乾草頭-歲時雜記：都人以菖蒲、生薑、杏、梅、李、紫蘇，皆切細絲，入鹽，爆乾，謂之百草頭。

紫蘇熟水①

在所有的熟水裡面，宋仁宗最愛味辛性溫的紫蘇熟水。想是與沉香、麥門冬等略帶藥味的材料相比，紫蘇煎後泡水味道清新怡人，卻仍不失行氣養生、緩胸中滯氣之效。

如今，人們常把紫蘇當菜吃，烤魚、炒花蛤時不忘加上一點紫蘇提味，十分尋常。但一說到它有理氣暖胃的作用，反倒讓人以為它是「藥」，敬而遠之。人們對草藥食療的誤解不可謂不深。

◎食材

紫蘇葉

---

① 熟水：宋元時期非常流行的一種保健飲品，用特定的植物或果實為原料煎煮而成，有點類似藥草茶。

◎ **做法**

一. 將紫蘇葉洗乾淨後晾乾。

二. 鍋燒熱，保持小火，鍋中鋪上可烘焙紙，將紫蘇葉平攤於紙上，不用翻面，待其自然蜷縮，葉子焦乾，香氣溢出即可。

三. 以開水冲泡紫蘇葉，第一泡傾倒不用，第二泡留飲。

製作參考：宋．陳元靚《事林廣記》

紫蘇葉不計，須用紙隔焙，不得翻。候香，先泡一次，急傾了，再泡留之食用。大能分氣，只宜熱用，冷即傷人。

六月

「去歲衝炎橫大江，今年度暑臥筠陽。」

《四景山水圖》（局部）劉松年　宋

冰酥酪

「倏忽溫風至，因循小暑來。竹喧先覺雨，山暗已聞雷」

飯飯順利地來到這個世界了。

昨夜起床餵奶後沒了睡意，輾轉反側最後只落得一身大汗淋漓，換件衣服的工夫又感覺饑餓，熱了一碗紅豆粥胡亂喝了兩口算是打發了自己，肚子空著但嘴裡沒味兒，悻悻地坐回床上發呆，心裡直想著，這炎夏無眠的夜晚，有一碗冰淇淋在手上該多好啊！

冰淇淋自是不能吃了，我倒是沒什麼忌口，只是怕旁人嘮叨。但心裡卻有了打算：既能解饞的涼涼的綿密，又適合產婦的餐食，還真有一道，用牛奶酒釀[1]而製。楊萬里也細緻描繪了這點心入口時的美妙：「似膩還成爽，才凝又欲飄。玉來盤底碎，雪到口邊銷。」

---

① 酒釀：南方很多地方有產後喝酒釀的習慣，我老家也有這個傳統。但現代醫學會告知慎喝，因為酒釀或多或少含有酒精。

反正也睡不著了，索性在天亮之前做出一道冰酥酪[1]犒勞一下最近吃得太過清淡的舌頭吧。

對了，上月做的櫻桃煎還存得好好的，加一勺到「才凝又欲飄」的酥酪上，當真是「紫蒂紅芳點綴勻」。

不冷藏直接食用時，酥酪的口感像微酸微甜的雙皮奶；冷藏後酥酪的質地更加稠密，更接近如今的冰淇淋。雖不能吃太多冷飲，但生津又營養的酥酪是可以來一小碗的。

◎ **食材**

牛奶300mL
酒釀汁60mL
冰糖5g

① 酥酪：本書中酥酪的做法完全由《詠酥》一詩的描述想像，乳酪製品早在唐朝已風靡，因此借鑒宮廷乳酪的做法成此冰酥酪。根據某些史料中「酪」既不是米酒也不是乳酪的說法，實在無法製成楊萬里詩中的酥酪，因此我未參考。

◎ **做法**

一. 將牛奶倒入鍋中，開小火，不停攪拌約10分鐘，放涼後，舀起表面的奶皮。

二. 取新鮮未滅活的酒釀過濾，保留60mL純酒釀汁備用。

三. 將酒釀汁沖入牛奶中，攪拌均勻，靜置發酵20分鐘即成酥酪，放入冰箱冷藏保存。

四. 表面加入堅果、蜜煎或櫻桃煎一類的糕點果醬，風味更佳。

製作參考：宋．楊萬里《詠酥》

似膩還成爽，才凝又欲飄。玉來盤底碎，雪到口邊銷。

老北京宮廷乳酪，利用酒釀（醪糟）或米酒中的根黴菌產生酸凝乳。

麻腐雞皮①

「半夜而合，雞鳴而散」

「只剩下不到一炷香的時間了」，身邊的路人一邊嘟囔一邊匆匆走過。我一聽頓時心急了，我還有很重要的東西沒找到。我原地轉了幾圈，東南西北也辨不明白，站在黑暗中的街頭無所適從。

街角的小販好像剛做完了一筆買賣，我定了定神向他走去，準備問路，愈走近他嘈雜的聲音愈大，雖嘈雜卻非常低沉，像原本的人聲鼎沸被這黑暗壓制了一般，使不出勁來。一過街頭朝西望去，心裡才有了底，要找的地方到了。街道兩旁的小販挨個搭著鋪子，從掌燈最多的那家酒家排開來，小販自己也帶了燈，微弱的光只能照個輪廓，湊近了才知道是在賣什麼。

行人不算太多，但他們的籃子裡都滿滿當當，吃的、用的，還順帶給孩子捎個玩具。那個帶火現燒的燒餅攤生意最好，餅香勾著人來，攤主一邊拂掉額頭的汗珠，一邊擺擺手說「最後一個了」，眾人抬頭看了一眼，此時天光漸顯，好像一條大魚即將翻出肚皮。

我突然渴得難受，再一看，路人手裡一瞬間皆生出了蒲扇，燒餅攤旁多了一位賣冰雪涼水的大娘。但大娘不賣給我，她指著我的手說：「孩子太小，你不能喝。」我低頭一看，懷裡竟然多了飯飯。

「黃白玉也消暑。」大娘揭開另一個籃子，裡面放著幾塊黃白相間的食物，白似玉，黃似杏，像糕點卻又極富彈性。我用手一碰這食物，好涼，好像一直放在冰裡。我直咽口水，準備伸手去取。這時旁邊正洗臉的大叔大喊一聲：「來了！」

一縷光從東方照進市集，我被晃得一時睜不開眼睛，等再回頭看，這地方哪還有什麼黃白玉大娘。先前繁華的「鬼市②」此時也在天光之下現出了本貌，空蕩蕩的街道寂然無聲，沒有拿著蒲扇的趕集人，沒有小攤商販，沒有燒餅肉香，攤位甚至沒留下穢污。若不是一陣風吹動了那酒家的燈籠，這世界彷彿從未出現過。

懷裡的孩子突然哭了，我驚醒，看到滿頭大汗的飯飯躺在身旁睜著眼睛看著我。在三伏天裡坐月子，果然容易又餓又渴啊。

冰酥酪還存有一些在冰箱，太涼，不適合多吃。生完飯飯後我總是大汗淋漓，更不喜甜。那黃白玉似的涼菜作為解暑「點心」，確實讓人垂涎。

---

① 麻腐雞皮：《東京夢華錄》中「州橋夜市」一節將麻腐雞皮放在夏月時令食物的第一位講，後面跟著各種頗負盛名的冰雪、渴水、果子等。其中緣由已無從知曉，但應與它爽口又性溫的特質不無關係。

② 鬼市：宋代商業發達，「市」無處不在，也沒有了宵禁，三更五更都有商鋪營業。到了夏天，南方天氣熱，不適合在戶外活動，如果要趕集，人們就選擇比較涼快的清晨，大約在黎明前一兩個小時開始，到天大亮氣溫升高時，大家就散了。黑暗中人影憧憧，到天亮時又不見了，真像是群鬼趕集一般。這種市集就是鬼市。夢中場景雖是夜間集市卻臨近天亮，更像宋代特有的鬼市，頗有意思，因而記錄下來。

◎ 食材

芝麻50g
綠豆澱粉50g
水100mL
雞皮
香蔥
食鹽

◎ 做法

一. 芝麻洗淨後，倒入鍋中以小火不停翻炒，至香味四溢。

二. 芝麻炒香晾涼後，磨漿濾汁，留汁待用。

三. 在芝麻漿中倒入綠豆澱粉，攪勻，加適量食鹽調味。

四. 將水燒開，倒入攪拌好的芝麻綠豆糊，快速攪動。

五. 趁熱將芝麻綠豆糊舀至碗中，冷凝定型成麻腐。

六. 將鍋中水燒開，放入蔥段、雞皮，以中火將雞皮煮熟。

七. 將煮好的雞皮、已定型的麻腐切成同等大小的長條。

八. 將麻腐、雞皮混合擺盤，撒上芝麻、蔥花。

習俗參考：宋．孟元老《東京夢華錄》

州橋夜市：夏月，麻腐雞皮、麻飲細粉、素簽、沙糖冰雪冷元子、水晶皂兒、生淹水木瓜……

製作參考：明．李時珍《本草綱目》

近人以脂麻擂爛去滓，入綠豆粉作腐食。其性平潤，最益老人。

碧筒酒①

「碧筒時作象鼻彎，白酒微帶荷心苦」

出月子的日子趕上大暑。

本想著無論如何得沾沾地氣了，可腳踏出房門半步就縮了回來，足不出戶大半個月我竟忘了杭州夏天的霸道。聽友人講，今年熱到蚊蟲不生，紗門不關也能安睡整晚。

可這個月我著實憋壞了。趁夜裡涼一些，我給孩子餵足了奶，把他交給他爸爸看著，一個人溜出了門。

離住處不遠的公園裡有一窪小小的荷花池塘，造景的時候在蓮蓬間放了幾盞荷花燈，燈上正好坐著兩朵盛開的荷花，光把花瓣照成了透明的粉色，影子在荷葉上搖曳。

---

① 碧筒酒：源自蘇東坡《泛舟城南會者五人分韻賦詩得人皆苦炎字四首》第三首中的「碧筒時作象鼻彎，白酒微帶荷心苦」。詩裡說在船上吃螃蟹、鱸魚使宜得大家錢都不數，一邊吃一邊喝碧筒酒。碧筒酒也叫荷葉酒，荷葉酒始於魏晉，盛於唐宋，最先因文人雅士的雅好興起，後才傳到民間。喝這酒時，用荷葉柄當作吸管，因這根純天然的吸管是碧綠色的，故得名「碧筒酒」。

呼……我長呼了口氣，從沒日沒夜地哺乳、換洗中緩過神來，彷彿這才呼吸了一口空氣。

回家就向丈夫提議一定要去富陽的山溝裡乘涼，像往年一樣，一盅碧筒酒[1]、一個清泉浮瓜，在溪旁樹蔭下坐上一天。

丈夫見我手持帶露的荷葉站在門口，眉頭總算是舒展開，趕緊應聲說好。

於是，滿月的飯飯來到了蛙鳴蟬噪、流水潺潺的山澗，第一次聞到夏風帶著百草繁花的味道。

◎食材

荷葉

白酒

◎ 做法

一. 在荷葉葉片與莖的連接處以粗針或剪刀從荷葉頂部鑽孔。

二. 將荷葉架起，莖尾部放入容器內，方便接酒。

從荷葉頂部倒入酒，靜待其沿莖部順流至酒器中。

製作參考：宋・林洪《山家清供》

暑月，命客棹舟蓮蕩中，先以酒入荷葉束之，又包魚鮓它葉內。俟舟回，風薰日熾，酒香魚熟，各取酒及酢。真佳適也。坡云：「碧筒時作象鼻彎，白酒微帶荷心苦。」坡守杭時，想屢作此供用。

浮瓜沉李①

◎食材

西瓜
李子

◎做法

一. 將西瓜和李子放在井水或溪水中浸泡。
二. 將西瓜切開，與李子擺盤於冰塊上食用。

習俗參考：宋．孟元老《東京夢華錄》

是月巷陌雜賣：都人最重三伏，蓋六月中別無時節，往往風亭水榭，峻宇高樓，雪檻冰盤，浮瓜沉李，流杯曲沼，苞鮓新荷，遠邇笙歌，通夕而罷。

① 浮瓜沉李：源自曹丕《與朝歌令吳質書》中的「浮甘瓜於清泉，沉朱李於寒水」。古人用這種方式吃冰鎮瓜果消暑。

七月

「半月驕陽四更雨，豳風夏校夢初回。」

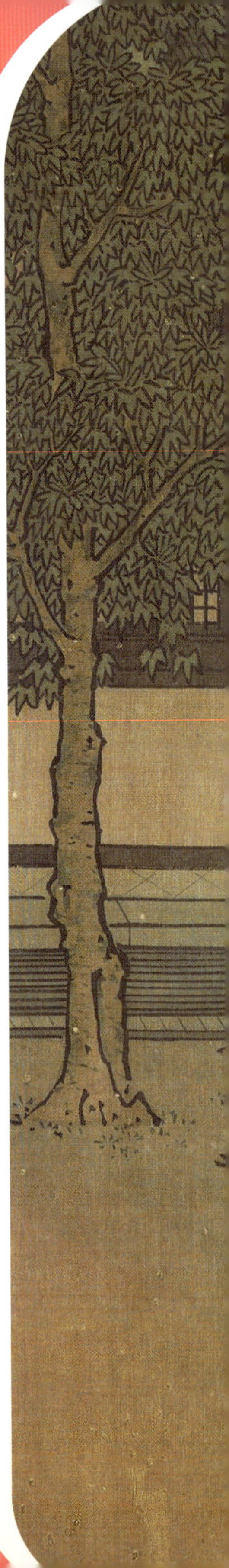

《七夕乞巧圖》（局部）佚名　宋

七夕節①

「牽牛織女，莫是離中。甚霎兒晴，霎兒雨，霎兒風」

家鄉人在重要的節日會祈福拜神，除了春節、中秋、端午等大日子，我們鄉鎮還有一些自己的傳統節日，一年下來，拜神的時候還不少。年幼時，我和弟弟妹妹大多數時候分不清拜的是哪位仙人、哪個佛祖，跪好，給功德箱放一點香火錢，就算是完成了活動。

七夕節，在我小時候大家還稱它「乞巧節」，也是要特意過的。或許因為正值暑假，記憶裡節日持續的時間特別長，小孩子也特別多。七月一到的那個趕場天，街市上各式各樣新穎的玩具就擺了出來，那種彷彿故意沒發酵成功的餅也隨之出現。

乞巧節要拜的人我也記得清楚，叫「七姐」。拜的其他神仙的名字都在4個字以上，還都是男性，這位格外親切的仙女自然讓人念念不忘。

可七姐不在廟裡，也不在觀裡。七月一到，人們會在鎮上的亭子裡騰出一塊地擺貢案，並放上一個不超過兩尺高的七姐像。這位梳著精緻髮型穿著豔麗衣服、略施粉黛的女性，淺笑著看著街上嬉戲的孩子們。

我問父親：「為什麼我們要拜一個姐姐，她保佑我們什麼？」

父親說：「她保佑所有女孩子。」

「為什麼要單獨保佑我們？」我又問。

「因為女孩子很好。」父親答。

女孩子很好，好到有一個專門的神仙來庇護。女孩子很好，她們從古代開始就一直很厲害，使得人們用熱鬧的節日來為她們慶祝。

我就這麼自豪地想著，作為女孩子活到了現在。

如今，我依然會讚歎那都城裡「閒雅，抬粉面、雲鬟相亞」的女性，每一位都鮮活可人，為沉悶的世界增添美好。

後來，七夕節被定為「中國情人節」。和父親又聊起這事，那時父親已經知道我有心儀對象了。

他說：「七姐定會保佑你，無論你是學生、老闆，還是你以後當了妻子、母親。她保佑你，肯定也聽得到你關於愛情的願望。」

---

① 七夕節：七夕的習俗始於漢代，但「七夕節」之名首見於宋代。宋太祖親征北漢激烈作戰之際，還牢牢記著七夕節給其母親、妻子等女性親人過節的禮金。

宋代過七夕節可謂歷代最盛，前代曝書升格成「曬書節」；乞巧市「七月初一日為始，車馬喧闐」，這是專為一個節日開闢的數個定期市場，持續7日。除了端午節，幾乎沒有哪個節日像七夕節這般專門擁有一場持續7日的商業盛會。祭祀物品之中，磨喝樂供牛郎織女，除了生個胖娃娃的願望，還為男童乞文運。宋人過七夕節的主題仍是女性乞巧，但已完全從女性的節日全面升級為全民的狂歡。「人生何處不兒嬉，看乞巧、朱樓彩舫。」

石榴粉

「微雨過，小荷翻。榴花開欲然。」彷彿前幾日才在初夏煙雨裡賞花，一轉眼就得讚歎眼前的果實累累了。

七月，水中有肥藕，枝頭掛石榴，婦人孩童穿著新衣過乞巧節，摘下唾手可得的紅石榴，撿三五根胖娃娃手臂似的蓮藕，做一兩道精美至極的菜餚，喜滋滋得家人的讚美，祈幼子聰慧。

梅水同胭脂染色，宛若緗紅石榴粒，玲瓏剔透。如果美食能化為人形，這定是位溫婉典雅的仕女。

說石榴粉最能表達好七夕節的風韻，我十分贊同。

◎食材

蓮藕兩節
楊梅乾若干
胭脂粉一勺
綠豆澱粉一碗
母雞一隻
生薑

◎ 做法

一. 將蓮藕洗淨切成厚片，再沿著孔洞切成小塊。

二. 將蓮藕塊放入水中浸泡，防止氧化。用砂器將其磨成大小均勻、較石榴粒稍小的圓粒。

三. 將楊梅乾放入砂鍋中，水燒開後，以小火煮約15分鐘，至水的顏色變成深紅。

四. 將楊梅乾撈出，待煮好的楊梅水晾涼，在其中加入胭脂粉，攪勻調色。

五. 在調好色的楊梅水中倒入蓮藕粒，浸泡一晚。

六. 鍋中放入母雞、薑片，燒開後，以小火熬製雞湯。

七. 將蓮藕粒瀝乾，倒入綠豆澱粉中，搖晃容器，使每一顆蓮藕粒都均勻地裹上澱粉，並用篩子將多餘澱粉篩掉。

八. 將蓮藕粒倒入提前吊好的雞湯中，小火滾煮，至表面澱粉完全透明，呈石榴粒狀，即可出鍋食用。

製作參考：宋·林洪《山家清供》

藕截細塊，砂器內擦稍圓，用梅水同胭脂染色，調綠豆粉拌之，入雞汁煮，宛如石榴子狀。

乞巧一過，七月流火

蓮花鴨簽[1]

臨盆的時候西湖荷花還未盛，待杭州這天氣轉涼，我能帶著小兒出門賞蓮時，恐是「荷盡已無擎雨蓋」。

我是真喜歡蓮花，無論是孤山邊的紅蓮映著寶塔，還是濕地裡的白蓮裝點碧綠，都讓我嚮往。夏天該是繁花盛開之時，怎麼人們就獨認這蓮花能講述夏日呢。

我每年都會頂著烈日去摘荷葉採蓮蓬，蓮葉粥、蓮房魚包沒少做。和蓮花相關的正菜都頗為繁複，一道做下來就費去好幾個時辰，比如那蓮房魚包，費盡心思把魚融進蓮蓬裡：將蓮子不動聲色地取出，又把魚變成蓮子「還」給蓮蓬，來來去去好多次回合，最後還得使這蓮蓬看不出來被動過手腳才算是成功，謂之遵循自然之美。

宋人雅致，品美食三分為味，七分為意。蓮房魚包一上桌，定會令眾人拍手叫絕，這可不正是「魚戲蓮葉間」躍然桌上，主人的雅興在裡頭，鬥詩的題目也有了。

這飯桌上的雅致在士人間很受歡迎，在皇宮裡更為極致。士人皆視蓮花為潔物，這等好意象，還不盡顯於餐桌上。御膳則更為講究：一道菜的故事好聽，引得皇帝有興致嘗一口，如恰好合胃口，不過多吃上幾塊，若要他惦記著或得他首肯入《玉食批》，還得這道菜能滋養身體，延年益壽。

鴨肉滋五臟之陰，清虛勞之熱，補血行水，養胃生津，本就最適合炎炎夏日食用。司膳人想給這鳧水的鴨子造個景，想來想去還是離不開那蓮花池塘：鴨隨蝦魚闖進了蓮葉間，人也跟隨著，竟得了「畫船撐入花深處，香泛金卮」的好心情。

索性就做個簽，一菜應一景，一景應一季。

蓮花鴨簽就這麼定下了，像一首詩一樣被創作出來並留在了世界上。

① 簽：「簽」指煎炸卷狀食品。《東京夢華錄》記載了很多簽菜，「入爐細項蓮花鴨簽……羊頭簽、鵝鴨簽、雞簽」。蓮花鴨簽頗為特別，因為它既出現在街頭食肆，也出現在宋代皇宮一位司膳內人流出的宮廷菜單《玉食批》裡。

◎食材

帶皮鴨腿一個
豬網油①一副
蓮花一朵
夏筍一棵
雞蛋一個
綠豆澱粉一小勺
麵粉一小勺
生薑一塊
食鹽少許

① 豬網油：這道豬網油卷的做法如今在世界上很多有華人的地方均有保留，如新加坡、馬來西亞等。相同的製法，也有用腐皮、煎蛋皮替代網油的。

◎ 做法

一. 鴨腿肉切成細末，蓮花、夏筍、生薑切成細丁備用。

二. 往以上餡料中加半個雞蛋清、適量食鹽，攪打上勁，醃製15分鐘。

三. 剩下半個雞蛋清與一小勺綠豆澱粉混合，調成糊狀，備用。

四. 將豬網油洗淨焯水，鋪於砧板上，用刀背將筋膜拍斷（防止油炸時鴨簽變卷），將餡料緊實地擺成條狀，放在豬網油一側。

五. 在豬網油四周抹上蛋清粉芡，將餡料緊包兩圈。

六. 將綠豆澱粉、麵粉、水按1：1：3的比例調製成麵糊，將卷好的鴨簽均勻地蘸上麵糊。

七. 油溫達200℃時保持中火，將鴨簽炸至表面微黃時撈出，待油重新升溫，大火複炸至表皮金黃。

八. 將炸好的鴨簽改刀，切成斜片狀，擺盤。

一

二

三

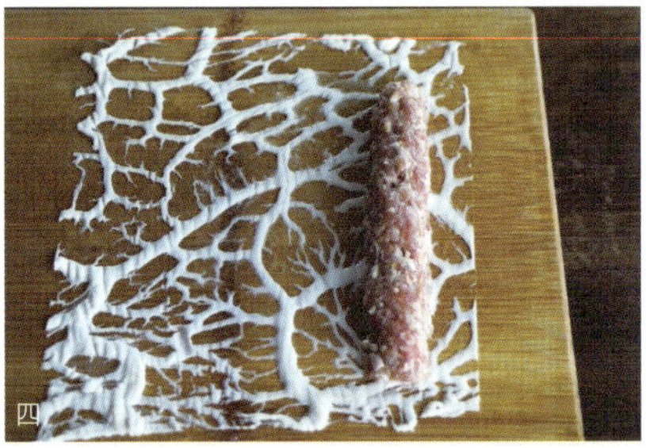
四

五

六

七

八

宴席美食參考：宋・周密《武林舊事》

對食十盞二十分：蓮花鴨簽、繭兒羹、三珍膾、南炒鱔、水母膾、鵪子羹、鯚魚膾、三脆羹、洗手蟹、炸肚胘。

製作參考：元・忽思慧《飲膳正要》

鼓兒籤子：羊肉五斤，切細，羊尾子一個，切細，雞子十五個；生薑二錢，蔥二兩，陳皮二錢，去白；料物三錢。

右件，調和勻，入羊白腸內，煮熟，切作鼓樣。用豆粉一斤，白麵一斤，咱夫蘭一錢，梔子三錢，取汁，同拌鼓兒籤子，入小油炸。

鯽魚肚兒湯

待產時友人反覆告誡，月子期間不可大魚大肉、大鹹大辣，否則奶雖濃，全堵在身子裡，痛不欲生。我趕緊備足了通乳良方①，通草、麥冬飲品。這些既是友人推薦的，也是唐宋時就好用的東西。

但我卻沒機會享受這良方，自生產那日起，兩月完全沒有堵奶。可能是我吃得著實清淡（最油膩的不過是那豬網油裹著的鴨簽），不過更主要的原因是，我的乳汁不足。

「產婦有二種乳脈不行……虛當補之，盛當疏之。盛者，當用通草、漏蘆、土瓜根輩，虛者當用……豬蹄、鯽魚之屬，概可見矣。」

再怎麼看，也到了需要補一補的時候了。丈夫聽聞後笑道：「飯飯姥姥可是念叨了整個月，讓我給你搞點豬蹄鯽魚湯補補，她見我陪你吃這寡淡的月子餐都吃瘦了，以為你在月子裡修行……」實在不想在這酷暑裡喝豬蹄湯，遂起灶煮鯽魚。

鯽魚湯看似做法簡單，但成品很是玄妙，熬10次有10種不同的味道。

魚頭、魚尾煎至金黃加湯慢慢熬，熬至魚湯白如牛乳，再放魚腹。煎多一分，整個魚湯就會飄著淡淡的焦味；煎少一分，魚湯的腥味會在飲一口的回甘時溢出。

要做到完美，唯手熟耳。

飲了一大碗鯽魚湯後，我期待著今夜乳汁的降臨。飯飯也乖乖等著，似乎想一嘗鯽魚湯的美味。

◎食材

- 小鯽魚3條
- 筍乾
- 胡椒末一小撮
- 黃酒一勺
- 香蔥
- 食鹽
- 蔥
- 花椒
- 胡椒
- 黃酒
- 乾筍

① 通乳良方：宋代的婦科、兒科已經分化出來，對產婦和小兒護理也頗成體系。比如《聖濟總錄》根據產婦不同的身體特徵和情況，提供了21首方劑，用以通乳下乳，幾乎覆蓋了所有情況。很多方劑搭配食療流傳至今，仍被認為非常有效。

◎

做法

一. 將小鯽魚刮鱗去鰓洗淨，分成魚頭、魚腹、魚尾3段。
二. 用刀從魚腹內部沿脊骨兩邊各劃一刀，使魚腹呈蝴蝶狀。
三. 用適量食鹽、蔥段、薑片、花椒、黃酒醃製魚腹20分鐘。
四. 魚頭、魚尾用油以小火煎至雙面金黃。
五. 鍋中加水，水開後，以小火熬出濃白湯汁，湯中放適量食鹽。
六. 撈出魚頭、魚尾。筍乾泡洗乾淨，撕成筍絲。將筍絲、魚腹放入魚湯中燙熟。
七. 拆除魚腹中的魚刺，將魚腹肉重新放入湯中保溫。
八. 往湯中撒入適量胡椒末、蔥花。

製作參考：元・倪瓚《雲林堂飲食製度集》

鯽魚肚兒羹：用生鯽魚小者，破肚去腸。切腹腴兩片子，以蔥、椒、鹽、酒浥之。腹後相連，如蝴蝶狀。用頭、背等肉熬汁，撈出肉。以腹腴用筲箕或笊籬盛之，入汁。肉焯過，候溫，鑷出骨，花椒或胡椒、醬、水調和，前汁捉清如水，入菜或筍同供。

一

二

三

四

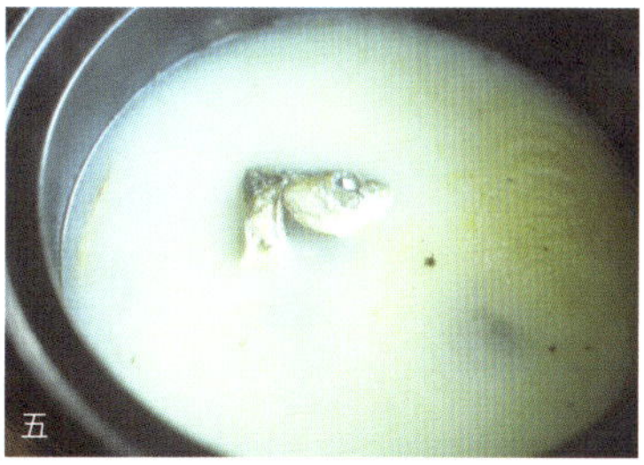
五

六

七

八

八月

「蟬聲未用催殘日，最愛新涼滿袖時。」

《紅蓼水禽圖》 徐崇矩　宋

木犀湯①

「綠玉枝頭一粟黃，碧紗帳裡夢魂香」

出伏之後，我起早貪黑地帶著飯飯出門遛彎，「日落而作，日出而息」。生於炎夏又遇酷暑難當，這孩子鮮少出門，就連家門口的碧草藍天、富春晚風也無福感受。好在出伏後氣溫回落，雖白日仍似陽炭烹大地，但炙熱終是願隨夕陽西沉了。

這日晚飯後我帶兒子去江邊散步，竟偶有陣陣涼風拂面，身體也不似前兩日那般疲憊，便多走了幾步，到好幾裡外的臨江小院才歇了腳。

坐在竹椅上正想著這蟬鳴確實稀疏了不少，一陣風便攜著一縷香氣悠悠地前來打擾。這香味雖只有細細一縷，卻馥郁潤澤，我再用力一聞，反而夠不著那芳香了，只好四處打量，順著小院白牆往上看——小小的黃蕊被簇擁著，這不是那「暗淡輕黃體性柔」的桂花又是什麼呢。

這才意識到，昨日已是白露了。

這陣晚風把秋天吹到了跟前，如此的怡人香甜，自然是要留下。

前些日子醃了鹽漬白梅來泡水喝，雖是生津解渴良品卻酸澀不已。若是加上半開的新桂，以生蜜浸上幾日，香馥入裡，再取之沖泡，定是美妙不已。

那便是木犀湯了。

① 木犀湯：木犀即木樨，也就是桂花，名貴香料。湯在宋代是一種極為流行的飲料，其地位僅次於酒和茶。雖以湯命名，但它並非現代飲食中的湯，根據史書記載，湯的做法有「滾湯一泡」「沸湯點服」「點用」等，可知即用沸水沖泡而成，類似今日泡茶法，是由具有某種保健功效的藥物配製的飲料。宋代城市裡有專門的「湯店」。

◎食材

白桂花一捧

鹹白梅12顆

蜂蜜

◎ 做法

一. 採半開白桂花，去蒂，沖洗後晾乾。
二. 用木棒將鹹白梅逐顆捶扁。
三. 取兩顆鹹白梅，一顆在上，一顆在下，中間夾桂花，便成一對花枝梅。
四. 將夾好的花枝梅擺放在器皿中，以蜂蜜醃製約一週。
五. 夾出一對花枝梅，用開水沖泡即成木犀湯。

製作參考：宋．陳元靚《事林廣記》

木犀湯：候白木犀花半開者，揀成叢著蕊處折之，用白梅二個，搥碎，一個在上，一個在下，花在中心，次第裝在瓶中，用生蜜注灌之。如欲用，一盞取花枝梅，一個安在盞中，當面沖點，而香酸馥鼻。梅用淡豉煮，一沸漉出，晾乾，花蜜同浸。

醉蟹

「吳蟹沉波秋稻富，海魚藏穴夜潮平」

中秋節一近，市場愈發忙碌起來，時令瓜果接踵上市，魚肥蝦壯，新酒也釀好放在攤位最前面，可遲遲未見有湖蟹。

我好醉蟹，天氣一轉涼我就盼著，中秋節的飯桌上不可無這美味。

花雕浸母蟹，鹽、醋、醴酒和味，蓋腥卻不掩蟹之清香，反襯得本味鮮甜。醉蟹的黃最是極品，眼見著是橘黃的油膏，進到口裡卻是被淡淡酒香包裹的濃郁。

「有蟹無酒是大煞風景之事。」我想賣蟹之人創醉蟹，除為了保存多餘的螃蟹，另有新蟹配新酒才是人間美味之極致。

可是今年實在令人遺憾。一則今年氣候異常，本該蘢蟹新出的初秋，螃蟹還不及幼兒手掌大小；二則小兒母乳未斷，我不能飲酒。

丈夫聽聞後以為我今年中秋節不做醉蟹了，驚得趕緊四處打聽，從泰州友人處購得3兩母蟹幾隻，解了他的饞。

◎食材

- 大閘蟹
- 醪糟
- 醋
- 酒
- 醬油

◎ 做法

一. 將大閘蟹刷洗乾淨，翻肚放入容器中備用。

二. 將醪糟、醋、酒、醬油按照1：1：1：1的比例混合，倒入容器中，直至淹沒大閘蟹。

三. 放入冰箱，密封醃製3天即可食用。

製作參考：宋・浦江吳氏《中饋錄》

醉蟹：糟、醋、酒、醬各一碗，蟹多，加鹽一碟。又法：用酒七碗、醋三碗、鹽二碗，醉蟹亦妙。

琉璃肺

有道名菜想做很久了，但因為步驟些許繁複，用時漫長，一直到如今出了月子，借中秋節家宴之由，才提起了精氣神著手試試。

宋人一到重要時候就要吃羊，如節日、生辰、升遷、中舉。雖說吃羊之風盛行，但他們也不亂吃，信奉吃下去的每個東西都有它的作用。「人若能知其食性，調而用之，則倍勝於藥也。」食療、養生，是講究人成天都琢磨的事。腎虛怕冷喝羊骨粥；「肝開竅於目」，羊肝治療夜盲；羊肺對治療上焦消渴病有好處……

古人研究萬物是以「取象比類」之法，面對人的身體亦是如此。

我倒不盡信那「以形補形，以髒補髒」的說法，但我很樂意與天地萬物的存在、生長方式產生關係。「風勝則動」「提壺揭蓋」「增水行舟」，宇宙和地球本身蘊含的真理，又何嘗不會在人身上體現呢。

丈夫對一些「傳聞中」的食療功效略有耳聞，趕緊說：「別的就算了，做羊肺吧，其他地方我也沒毛病。」

「琉璃肺」之名或來自它的顏色，「用水浸盡（羊肺）血水，使成玉色」，皇室官宦宴席之上供之，同白琉璃般珍貴高雅，灌羊肺因而得了「琉璃肺」的雅名。

何不能稱之為玉肺？怕是因那「御愛玉灌肺」在先。

◎食材

羊肺一具
杏仁200g
生薑200g
酥油200g
白蜜200g
薄荷兩把
乳酪250g
黃酒一碗
熟油100g
食鹽

◎做法

一. 將肺管紮套在水龍頭口，往羊肺中不斷小量灌水約3小時，直至血水消散，羊肺完全變白。

二. 將杏仁炒香。

三. 加水將杏仁研磨成泥漿狀。

四. 生薑去皮，研磨成薑泥備用。

五. 將薄荷葉搗碎，加酥油、白蜜混合，繼續捶搗成泥漿狀。

六. 往酥油中倒入乳酪、黃酒、熟油，混合均勻。

七. 過濾取汁，料汁中加適量食鹽調味。

◎做法

八. 等待羊肺中的水分排出，將以上料汁從肺管口灌入（可以用小漏斗輔助），灌滿後用繩索把肺管紮緊。

九. 冷鍋冷水，放入羊肺大火燒煮，水開後，轉小火繼續煮30分鐘。

十. 待羊肺變涼，可撈出切片擺盤食用。

八

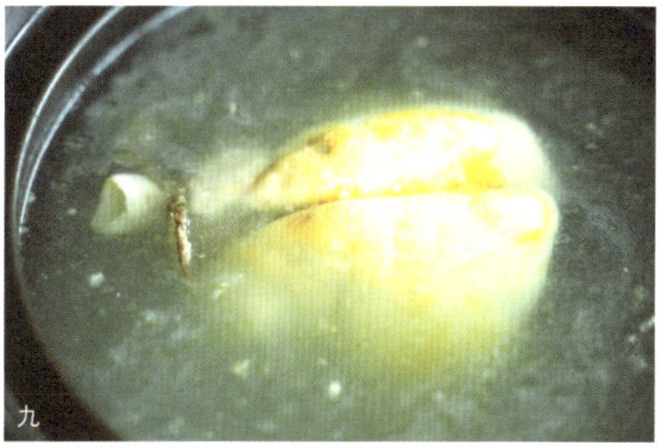
九

十

製作參考：宋．陳元靚《事林廣記》

用羖羊羔兒肺一具，依上洗濯血水，淨熟杏仁四兩，去皮研為泥，生薑四兩，去皮取汁，酥油四兩，白蜜四兩，薄荷嫩葉二握，研為泥取自然汁，真酪半斤，好酒一大盞，熟油二兩，巳上一同和勻，生絹濾過，扭濾二三次，依常法灌至滿足，上下用朕，就筵割散極珍美。

糖霜餅①

「亦非崖蜜亦非餳，青女吹霜凍作冰」

天氣漸涼，富春江的晚風也吹得愈發早了，今天傍晚在從東吳公園回家的路上發現陽光已穿不透枝葉，便給飯飯蓋上了我的薄衫。

丈夫回家的時候飯飯已經睡著，我正想著給自己做點吃的，他順手從口袋裡掏出了一顆果糖。

天氣熱的時候，甜膩的食物是一點也不想碰，等那沒胃口的季節一過，最先回歸的定是對甜味的渴望。

丈夫這顆慶祝下班的果糖實在讓人愉悅，不怪古人要費盡一切心思學製糖、存糖，把糖的美妙放進幾乎所有喜歡的食材裡，放進詩句裡，放進對親人的愛裡。

「子事父母，棗栗飴蜜以甘之。」

宋人幸運地能吃到糖霜，這可比崖蜜和飴餳甜多了，溶於水又好存儲，能做出的食物花樣也多了不少。可畢竟頂級的糖霜不易得，是王公貴族才有口福嘗上一兩口的精貴食物。於是，和糖霜有關的美食，比起街角小販手裡棗褐色的麥芽糖來說，必須精美許多才行。

糖霜餅便是糖霜「嫡出」的點心，用它來慶祝蔗糖②給我們帶來的喜悅再合適不過了。

① 糖霜餅：《糖霜譜》是中國古代第一部詳細介紹蔗製糖方法的書，由宋人王灼編著，而糖霜餅是《糖霜譜》中唯一記載並寫明做法的點心。

② 蔗糖：宋代甘蔗生產和提煉糖霜的技術有了很大的突破，給宋人社會飲食帶來了新的風尚，但彼時產量和技術還不穩定，蔗糖仍不常見，甘蔗產區以外比如北方地區，也只有達官顯貴才能吃到珍貴的蔗糖。

◎ 食材

松子
核桃
冰糖

◎ 做法

一. 將冰糖磨成粉末。
二. 將松子仁、核桃仁去殼炒香，再碾成細膩的粉末狀。
三. 將松子粉、核桃粉與糖粉混合攪勻，團成大小一致的餅團。
四. 把餅團放入模具中定型，脫模。

製作參考：宋・王灼《糖霜譜》

糖霜餅：不以斤兩，細研。劈松子或胡桃肉，研和勻如酥蜜，食模脫成。模方圓雕花各隨意，長不過寸。研糖霜必擇顆塊者，沙腳即膠粘，不堪用。

社飯

「嘉禾九穗持上府，廟前女巫遞歌舞。
嗚嗚歌謳坎坎鼓，香煙成雲神降語」

在我的記憶裡，秋分是個重要的日子，這天有大塊的肉吃。父親從已經收割得差不多的稻田裡回家，把燒好的豬肉平分給我們仨。

如果爺爺在家，他會一邊用僅剩的幾顆牙賣力地咬著肉，一邊說：「以前的秋分有做社，就在那廢棄的村口禮堂裡。」

雖然沒有人告訴我們，我和弟弟妹妹隱約覺得這節日與豐收有關。

我們家的地很小，父親一人打理，只種一季水稻，主要供自己家吃。父親有自己的工作，但這地卻沒荒過，在外地不方便回來時也要雇個短工幫忙除草、排水。

後來年紀大了，他仍是親力親為，閒時也愛去地裡坐著，看著苗子長高、結穗、抽穗，不慌不忙勞作一天，回家飲杯小酒，一季過去，又豐收了。日子過得自得得很。去年端午節父親也去田裡插秧了，苗子和往年一樣一天天地竄高，可父親卻暫停了時間，他再也趕不上稻穀抽穗，再也見不到滿地金黃了。今天我正想著要切大肉，竟看到秋分和秋社①在同一天，這才恍然大悟，恐怕我家過的就是秋社，只是秋社日子難記，村裡流傳下來的日子便變成了相近且更好記的秋分。

秋社祭土地神，大地孕育糧食哺育人們，人們不忘感謝，回贈以歌舞，宰牛羊，大口享用，告訴神自己過得不錯。這母子般親密的關係，讓父親感到安定，無怪乎他在有生之時，想多聽聽土地的聲音，撫摸土地的饋贈。

◎食材

豬五花
花椒
豬腰
縮砂仁
豬肚
紅豆
豬心
杏仁
烙餅
白芷
生薑
酒
米飯
醋
甘草
醬油
官桂
香蔥
桂花
梔子果3顆

---

① 秋社：祭祀土地神的祭壇稱為「社」，從天子到諸侯乃至平民，凡有土地者均可立「社」，社日成為鄉里之間舉行歡慶活動的日子。「社日」一年有兩次，分為「春社日」和「秋社日」。「春社」是春天耕作之前，祈求社神保佑一年風調雨順，時間為立春之後的第5個戊日（是指用干支紀日法時天干為戊的日子，每10天就會有一個戊日），大致在春分前後；「秋社」是在豐收之後，向社神報告豐收的喜訊，表示答謝，時間為立秋之後的第5個戊日，大致是秋分前後二者合起來稱為「春祈秋報」。向神表達感謝的方法為擊鼓，隨歌起舞，平分社肉，飲社酒。

◎ 做法

一. 豬五花入油鍋，以中火煎炸至雙面焦脆。

二. 往鍋內放入煎炸好的豬五花、豬腰、豬肚、豬心，倒入酒、醋各一盞，一勺醬油，然後倒入冷水，以沒過食材為度，然後加入甘草、官桂、桂花、花椒、縮砂仁、紅豆、杏仁、白芷、香蔥等食材。

三. 提前用梔子果泡一盞梔子水。

四. 待湯汁熬至見底，倒入梔子水，加適量食鹽調味，小火收汁。

五. 肉類放冷後，將肉、烙餅切成大小一致的方塊。

六. 把肉、烙餅、薑片鋪在米飯上，再澆上肉汁，即成社飯。

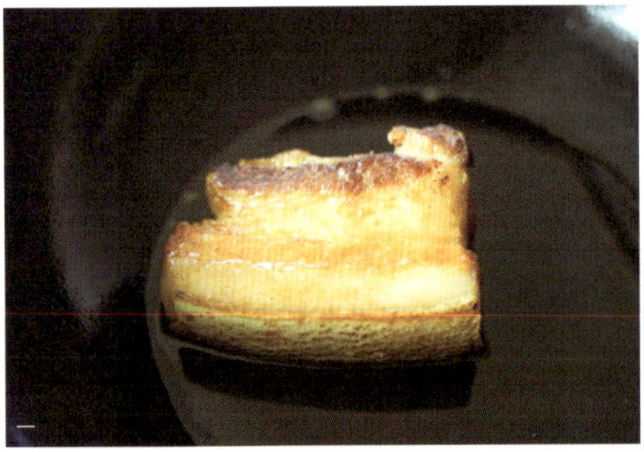
一

二

三

四

六

製作參考：宋·陳元靚《事林廣記》

秋社見於春社，夢華錄云：秋社各以社糕、社酒相齎送。貴戚宮院以豬羊肉、腰子、奶房、肚、肺、鴨、餅、薑之屬，切作棋子片樣，滋味調和，鋪飯上，謂之社飯。

社飯的做法類似於爊肉，其中的爊料參考了元代韓奕《易牙遺意》的方子。

細爊料方：甘草多用，官桂、白芷、良薑、桂花、檀香、藿香、細辛、甘松、花椒、宿砂、紅豆、杏仁等，分為細末用。凡肉汁要十分清，不見浮油方妙，肉卻不要乾枯。

九月

「風定小軒無落葉，青蟲相對吐秋絲。」

《秋山草堂圖》王蒙　元

橙玉生

「汗後鵝梨爽似冰，花身耐久老猶榮」

秋風不燥物，燥人。天氣一變，身體立馬能感受到，最近口舌乾燥得厲害，特別是五更餵奶，半夢半醒中飲水數杯，最後直跑廁所，喉嚨乾澀卻一點兒也沒緩解。

母親知道我這秋燥的毛病，叮囑我要多吃梨。誠實說，我小時候最怕吃梨，一邊咳嗽一邊吃著煮爛的梨肉，冒著熱氣的梨水既不甜也不香，還泛著一股陳腐味。對梨湯的這種記憶讓我對梨也厭惡不已。

直到前年去邯鄲出公務，吃到了當地果農給的鴨梨，遲疑著一口咬下去竟體會到了清脆多汁卻濃甜肉酥的奇妙口感，而且鴨梨個頭大，不用擔心像吃香梨一般，要思考用幾成力才不會咬到核。

自那時起，每年秋天我會寄一些梨回家，叮囑母親直接吃更潤燥，別再煮了。

大自然和人的關係很奇妙。秋天梨熟了，在秋天口乾舌燥的人們正好吃到了梨，奇妙地感到格外滋潤，心也靜了。他們會生出「萬物皆為人而生」的自大嗎？還是會謙卑地感謝大自然的恩賜，感歎「人源於自然，當歸於自然」？

一邊感歎一邊飲酒，順便把梨也做進「下酒菜」裡，再起一個頗有詩意的名字：橙玉生。

◎食材

雪梨
柳丁
醋
食鹽
醬油

◎ **做法**

一. 將雪梨去皮，切成均勻的骰子般大小。

二. 橙肉去核，搗爛後，取汁水備用。

三. 在橙汁中加入適量食鹽、醋、醬油①，將其淋在雪梨上，拌勻。

四. 撒上少量橙皮粒做裝飾。

製作參考：宋・林洪《山家清供》

雪梨大者，去皮核，切如骰子大。後用大黃熟香橙，去核，搗爛，加鹽少許，同醋、醬拌勻供，可佐酒興。

---

① 調味水果：用五味來拌水果，甜鹹調味，可激發水果深層次的鮮甜。這種水果吃法在宋代比較常見，如另一道梨和橙相拌的「春蘭秋菊」。有學者喜歡把它與現代的水果撈關聯起來。

茱萸酒

「重陽過後，西風漸緊，庭樹葉紛紛。朱闌向曉，芙蓉妖豔，特地鬥芳新」

重陽[①]時，這會兒天氣還算不上秋高氣爽，但也不再動輒大汗淋漓。盤算著帶著飯飯回婆家看望他奶奶，在丈夫小時候撒野的地方登高、賞菊、插茱萸。

驅車兩日到了河南，問起丈夫家鄉可有特別的重陽風俗，丈夫思索半晌，說南朝桓景登高喝菊酒，因而避了性命之災，他登的那座山離這兒不遠，要說習俗倒沒嚴格傳承。

「不過酒肯定是在每個節日都喜歡喝的。」像是看穿我在苦惱什麼，他探出腦袋又補充了一句。

果真這邊賣茱萸的不少，我心中大喜。

泡製一罐重陽茱萸酒給家宴助興，是最應節日的心意了。

茱萸被大家奉為重陽吉物，除因桓景登高免災的傳奇，也因茱萸本就可入藥治病。

用酒與鹽泡製以減其微毒，待茱萸酒漸成緗雲色便即可飲用。

我習慣用米酒浸泡，一來因為重陽用稻米烤酒是家鄉習俗，外婆80多歲時依舊堅持烤重陽酒分給家人；二來用米酒泡製的果酒、藥酒餘味更為爽淨，襯得茱萸清香更為突出。

◎ **食材**

乾茱萸一把

米酒

食鹽

① 重陽：「重陽」之名可追溯到《易經》：「九」是「陽之極」，月和日都是「九」，故名「重九」；又因九月九日是兩個陽數相重，故稱「重陽」。重陽節真正形成大概在六朝時期，在唐宋達到鼎盛，時人登高宴飲、飲菊花酒、插茱萸，甚至進行騎馬射箭等活動。

登高宴飲求仙避惡、採菊佩萸避厄消災、食糕祭祀取吉祈壽等民俗活動，格外符合民間信仰，又與民眾生存環境緊密相連，於是文人愛歌重陽，統治者重視重陽，再回饋到民間，這個歲時節俗在歷史長河裡不斷豐滿，變得非常重要。據《荊楚歲時記》引《續齊諧記》載：「汝南桓景隨費長房遊學，長房謂之曰，九月九日，汝家當有大災厄。急令家人縫囊，盛茱萸系臂上，登山飲菊花酒，此禍可消。景如言，舉家登山。夕還，見雞犬牛羊一時暴死。長房聞之曰：『此可代也』。今世人九日登高飲酒，婦人帶茱萸囊，蓋始於此。」

◎ 做法

一. 將乾茱萸洗淨備用。

二. 將茱萸碎倒入米酒中浸泡片刻，加一小撮鹽即可飲用。

製作參考：宋・陳元靚《歲時廣記》

提要錄：北人九月九日以茱萸研酒，灑門戶間辟惡。亦有入鹽少許而飲之者。

山煮羊

婆家備的家宴菜品極為豐富，親戚往來，觥籌交錯，圍著熱氣騰騰的飯桌話家常，持續了3個小時才捨得散場。

婆婆只知我做古人的食物頗為有趣，隨口與我聊起，古代人在重陽會吃什麼。我答菊糕。婆婆點點頭不覺稀奇、現代人天天都能吃這甜膩的糕點，有何特別？我又說，這天皇上還會賜宴，與民同樂，民間也組織民宴，全國上下都在吃吃喝喝。老人家果然來了興趣，問皇上一般喜歡吃什麼。

宋代的人，一到了宴請就離不開羊肉，這登高辭秋天氣漸寒的節日，更是少不了一道燉羊肉。

「用杏仁燉小腿肉，等骨頭都燉爛了再出鍋，放進嘴裡就化了，湯裡全是鮮味。」

婆婆甚是期待。

第二日家裡只留4人用食，我便割了一隻羊小腿，做了皇上也吃的味道。

◎食材

羊小腿一隻
杏仁一小把
香蔥
花椒
食鹽

◎ 做法

一. 將杏仁稍稍捶搗待用。

二. 羊小腿斬小段，依次放入蔥段、花椒、杏仁，加水沒過食材，大火燒開後，轉小火燉煮半小時。

三. 撈出蔥段，加適量食鹽調味，以小火繼續燉煮一小時即可。

一

二

三

製作參考：宋．林洪《山家清供》

羊作臠，置砂鍋內，除蔥、椒外，有一秘法，只用捶真杏仁數枚，活火煮之，至骨亦糜爛。每惜此法不逢漢時，一關內侯何足道哉！

南宋馬麟橘綠圖

《橘綠圖》馬麟 宋

蜜釀蝤蛑

「半殼含潮帶醬香。雙螯嚼雪迸臍黃」

初為人母，全身心只關心產育知識，偶有閑去書房坐會兒，手裡捧著的，也叫作《婦人大全良方》。

好在古人偏愛食療，認為萬物皆有其治癒之處，所推薦的方子大都從平常食物中來。

「蝤蛑，破血、通經、通乳。治產後血瘀，宿食，乳汁不足。」

倒不是身子真有這些病症，只是這蝤蛑霜飽蛤蜊肥的季節，品美食的理由來得正是時候啊。

正好前幾日做橙玉生還留下幾顆甜橙，一道蜜釀蝤蛑便呼之欲出了。

① 蝤蛑：即梭子蟹。

應季的蝤蛑強壯得像個年輕的將軍，即使青甲煮成朱紅，也沒失了威風。
掰開螯腳盡是嫩肉，因新鮮細肉輕輕一撥即可取下，不留一絲殘餘，蟹殼通亮，可見光滲透。品蝤蛑的快樂一定不能少了拆蝤蛑。
蜜釀蝤蛑這道菜色美，卵黃、甜橙、蜂蜜、蟹殼，皆屬同一色系，再用一青色的瓷皿供醋，放一起便「最是橙黃橘綠時」。

◎食材

梭子蟹一隻
蜂蜜一小勺
雞蛋兩個
柳丁一個
醋
食鹽

◎ **做法**

一. 將梭子蟹刷洗乾淨，放入鹽水中煮至稍稍變色。

二. 掰開蟹殼、蟹腿，取出其中的蟹肉、蟹膏。

三. 蟹腿肉剁碎，鋪排在蟹殼內。

四. 將兩個雞蛋打散，加少許蜂蜜、適量食鹽混合調味。

五. 將蛋液倒入蟹殼中，水上氣後，蒸2分鐘定型。

六. 將蟹膏鋪在蛋液上，上鍋再蒸3分鐘即成。

七. 將橙肉搗碎，倒入醋，拌勻，做調味料。

一

二

三

四

五

六

七

製作參考：元・倪瓚《雲林堂飲食製度集》

鹽水略煮，才色變，便撈起。擘開，留全殼，螯腳出肉，股剁作小塊。先將上件排在殼內，以蜜少許入雞彈內攪勻，澆遍。次以膏腴鋪雞彈上，蒸之。雞彈才乾凝便啖，不可蒸過。橙齏、醋供。

十月

「寂寥小雪閑中過，斑駁輕霜鬢上加。
算得流年無奈處，莫將詩句祝蒼華。」

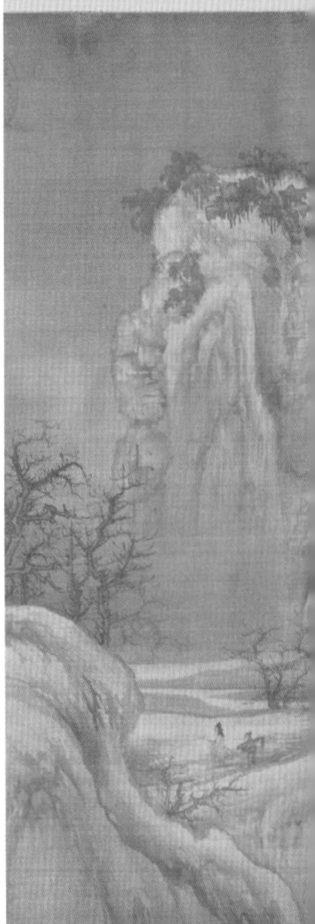

《漁村小雪圖》王詵　宋

崗
髙
克
恭
雲
橫
秀
嶺
圖

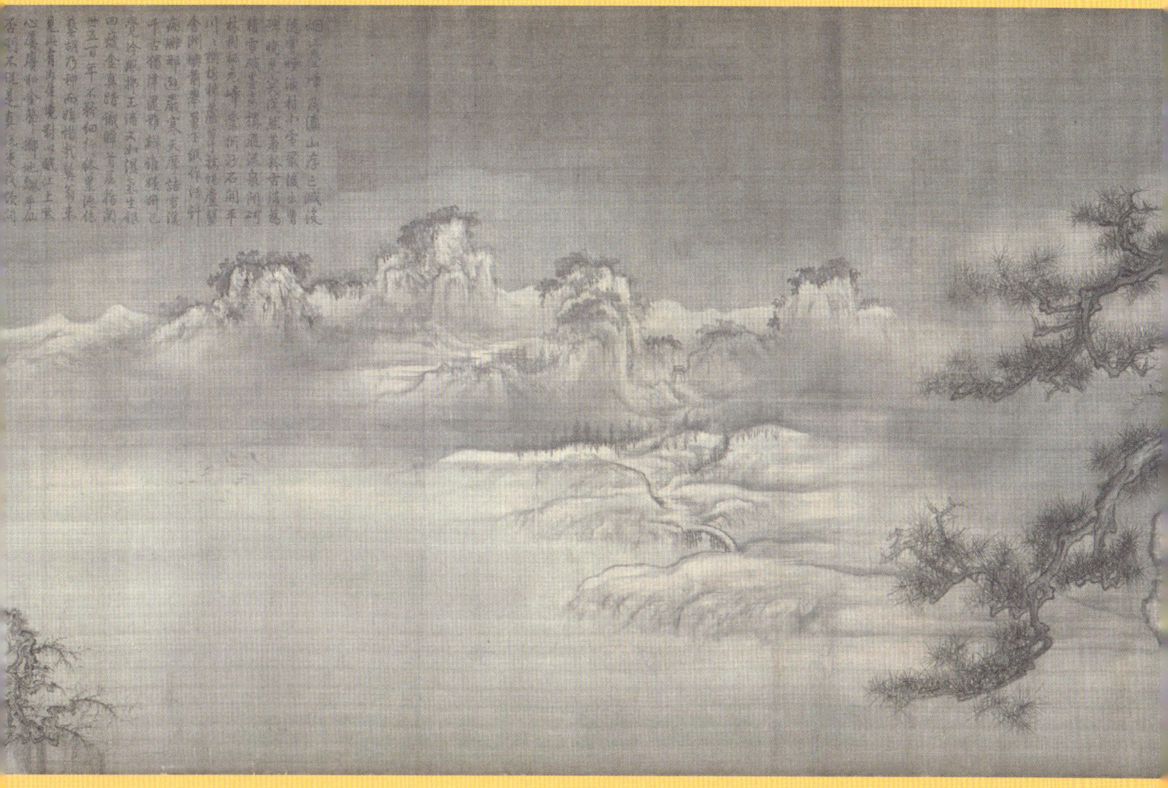

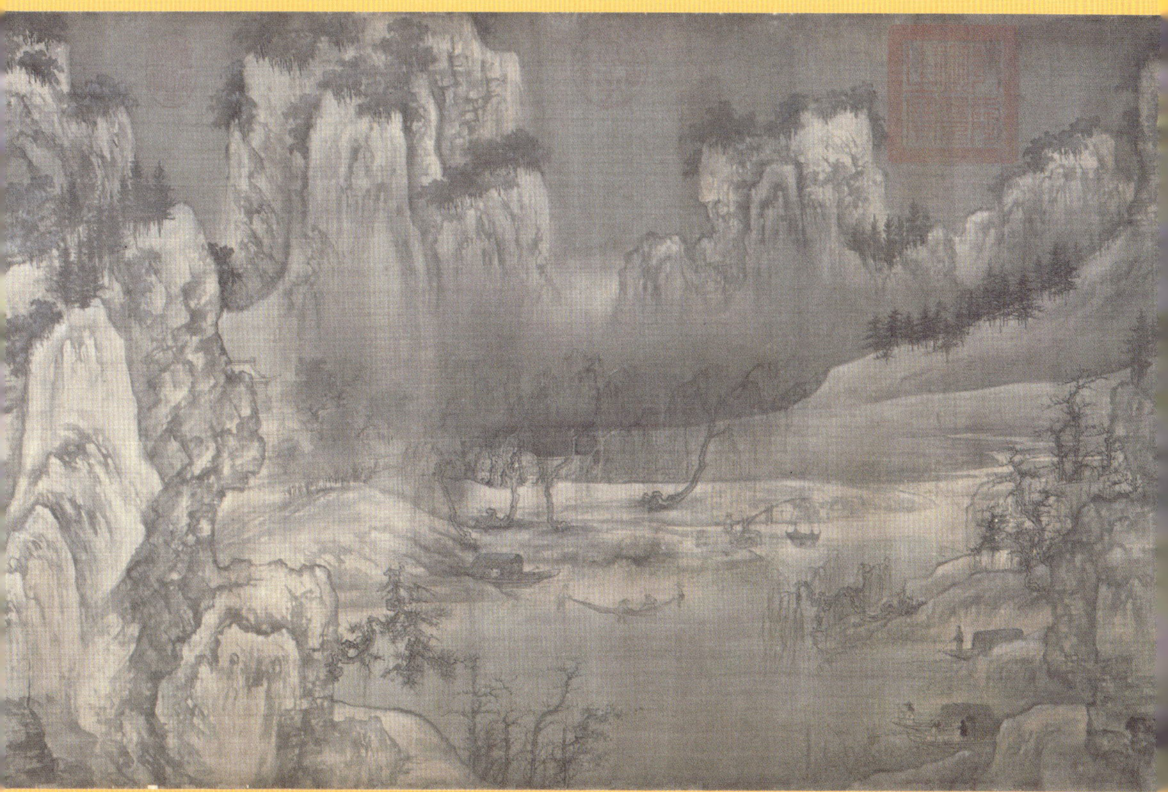

小雪暖爐會

雖說已立冬，但日間依然溫暖和煦，走在秋陽裡毛衫略有透風，卻愜意極了。

友人約我過幾日圍爐煮茶，說是時新的玩法，我正納悶現在就生起火爐會不會為時過早，到了約定的日子氣溫竟驟降10℃，爐上滾著的熱茶和一不小心就焦了面的大棗花生，大大方方地邀請我入了冬。

為了答謝友人，我設了一場暖爐會[①]，「及炙臠肉於爐中，圍坐飲啖」。

近日露凝霜重，北風不減，不如就定在總讓人心生寂寥的小雪之日，圍爐炙肉以抵寒冬。

擁爐燒酒、圍爐烤肉可是宋時一年中不可錯過的雅事，聚集一眾文人雅士，不慌不忙進入溫暖飽腹又微醺的狀態，借飲食談詩論詞，徵引詩詞中的名句，繼而有感而發，在爐邊誕生的詩詞數以千計。

宋人民間的暖爐會較隨意，挑個大家都合適的日子，手到之物皆可烤。但宴請友人總不可太隨便，烤物也得有韻味，談詩論詞雖是有些勉強，但幾位老饕名人的美食非得安排上不可。

---

① 暖爐會：《歲時雜記》中說「京人十月朔沃酒，及炙臠肉於爐中，圍坐飲啖，謂之暖爐」。天冷了，宋人就圍坐在爐子旁邊烤肉邊喝酒。

土芝丹

「煨得芋頭熟，天子不如我」

一定要把林洪在冬夜圍著火爐烤出的芋頭給友人備上。說是有什麼秘訣能讓芋頭比皇上吃的芋頭還好吃，或許是用米酒、米糠、宣紙煨熟的芋頭，掰開後熱氣騰騰，撲面而來的有酒香、米香，還有書香吧。

一邊烤芋頭一邊給友人聊這芋頭的趣事，當作「借食物談詩」的世俗雅致。林洪記錄這道菜的時候取了有名的懶殘禪師的故事。禪師正在牛糞火中煨芋頭。有人召見他，他沉迷煨芋頭就推辭說：「煨芋頭忙得鼻涕都來不及擦，哪有那閒工夫見人。」（尚無情緒收寒涕，那得工夫伴俗人。）這位禪師又懶又吃殘食，但卻大有來頭，預言了李泌10年宰相仕途。因此，說到山野雅趣，土芝[1]丹總是首先被提及。

---

① 土芝：就是芋頭。土芝丹就是煨芋頭。這足以說明土芝丹有多好吃。林洪又說，有個山野之人有一首詩：「深夜一爐火，渾家團欒坐。煨得芋頭熟，天子不如我。」

◎ **食材**

芋頭一斤
宣紙若干
白酒一小碗
酒糟一斤
米糠一大碗

◎ **做法**

一. 白酒燒沸後，繼續煮約3分鐘。

二. 宣紙[①]沾水打濕，包裹住芋頭，在包裹好的芋頭表面均勻抹上煮好的白酒。

三. 依次裹一層酒糟、米糠。

四. 待米糠在芋頭上粘黏得更穩固些，即可上火炙烤。

製作參考：宋・林洪《山家清供》

芋，名土芝。大者，裹以濕紙，用煮酒和糟塗其外，以糠皮火煨之。候香熟，取出，安地內，去皮溫食。冷則破血，用鹽則泄精。取其溫補，名「土芝丹」。

---

① 宣紙的使用：宣紙可濕而不破，以更好穩固酒、酒糟和米糠，同時煨好之後更好揭去。

五味①燒肉

自有人開始就有了烤串，烤串算得上是上古美食。但直到宋代才逐漸把烤串兒的口味定了下來，「食味之和」與士人「中和」思想相得益彰，宋人遂棄了隋唐調味的「無用不及」，更強調「五味調和，以致中和」。

茴香、蒔蘿、花椒先祛惡除腥，醬醋油調五味碼肉上，烤至焦香脆嫩油粒子溢出，趁燙嘴的時候吃掉，可稱得上大快朵頤。

友人得知這是宋時做法很驚訝，因其竟與如今的烤串口味相差無幾。滿足人之五味又中和而不偏頗，確實是值得傳承至今的美味呀。

◎食材

豬五花
茴香
蒔蘿籽
花椒
黃豆醬
醋
酥油
食鹽

① 五味：指酸、苦、甘、辛、鹹，是中國菜的核心理念。北宋居民對「五味調和」的核心理念有出色的貢獻，他們將「和味」的觀念落實於烹調之中，廣泛將鹽、醬、醋、糖、各種香料甚至酒用於調和味道，使菜餚五味調和，別具風味。值得一提的是，宋代首創醬油調味。

◎ **做法**

一. 將豬肉洗淨，切成一厘米見方的小塊。

二. 將茴香、蒔蘿籽、花椒炒香，與黃豆醬混合，一同擂碎。

三. 往擂碎的料中倒入醋，攪拌。

四. 將以上香料倒入切好的肉塊中，加適量食鹽，抓拌好後醃製一小時。

五. 用竹簽將肉塊串起，上火烤製。

六. 用刷子將酥油均勻刷在肉的每一面上，不停翻面，烤至焦香脆嫩。

一

三

二

四

六

五

製作參考：宋・陳元靚《事林廣記》

鹿獐兔等淨肉，打作小兒，用茴香、蒔蘿、小椒、醬，一處研爛，以好醋破開，去滓，將肉淹拌，肉匀一二時許，籤子上插定，炭火燒丸，酥油拌供之。

炙魚

和燒肉一樣，炙魚也需要去腥調味。但魚腥與肉膻不同，魚腥處理得當最顯功力，暴力掩蓋腥味卻也會失了鮮。

擁有奇思妙想的古人把羊和魚放在一起，羊膻魚腥竟消解得剛剛好，只剩下了鮮。

於是，魚、羊在一起成就了不少大菜。

羊網油炙魚，自是比菜籽油和豬油烤魚來得更鮮美。

◎食材

鯽魚一條
羊網油
花椒20顆
香油
食鹽
生薑

◎ 做法

一. 將鯽魚刮鱗去腮，清理內臟洗淨後，用適量食鹽、生薑、20顆花椒醃製半小時。
二. 瀝乾鯽魚表面的水分，熱鍋倒入香油，以中火將鯽魚煎熟後放冷。
三. 將羊網油在熱水中洗淨，以刀背拍斷羊網油筋膜。
四. 用羊網油包裹住煎熟的鯽魚。
五. 將鯽魚烤至羊網油融入魚身，焦香酥熟。
六. 揭掉鯽魚表面未完全融化的羊網油，即可食用。

製作參考：宋・陳元靚《事林廣記》

魴魚為上，鯉魚鯽魚次之，重十二三兩或至一斤者佳，依常法洗淨，控乾，每斤用鹽二錢半，川椒一二十粒，淹三兩時，瀝去腥水，香油煎熟，放冷。逐以羊肚脂裹上，亦微摻鹽，炙床上，炙令香熟，渾揭起脂食之。

傍林鮮

友人喜歡時新的東西，近年又迷上露營，講起一次見別人生火烤筍，饞得她念了大半年。

我笑現在時新的東西頗有古風：在竹林裡生火，就地取材，煨熟竹筍，一邊細嚼慢嚥吃著多汁甘甜的竹筍，一邊講那件蘇東坡調侃文同的趣事。

友人說這個故事她恰好知道，便細細道來：「說臨川太守文同極愛吃筍，有一天吃午飯的時候正好收到了表兄蘇軾[①]的信，信中坡仙就開玩笑說你這位太守的肚子裡裝了千畝的竹筍吧。文同笑到噴飯，因為他的午餐正是煨竹筍。」

食材

竹葉

竹筍

① 蘇軾與傍林鮮：林洪講的這個故事，原詩是蘇軾的《和文與可洋川園池三十首・篔簹穀》：「漢川修竹賤如蓬，斤斧何曾赦籜龍。料得清貧饞太守，渭濱千畝在胸中。」

◎做法

一. 將竹筍帶殼清洗，用竹葉將竹筍包裹，點火。

二. 將竹筍煨至筍肉鬆軟、筍殼焦香，去掉筍殼，可撒鹽或蘸醬吃。

製作參考：宋·林洪《山家清供》

夏初林筍盛時，掃葉就竹邊煨熟，其味甚鮮，名曰傍林鮮。文與可守臨川，正與家人煨筍午飯，忽得東坡書，詩云：「想見清貧饞太守，渭川千畝在胸中。」不覺噴飯滿案，想作此供也。大凡筍貴甘鮮，不當與肉為友。今俗庖多雜以肉，不思才有小人，便壞君子。「若對此君成大嚼，世間哪有揚州鶴」，東坡之意微矣。

炙蕈

總覺得傍林鮮只燒竹筍還不夠，把廚房搬到林子裡，食材可就多起來了。最常見的當屬「取之不盡」的蕈和蕨。

蘑菇裡香菇的味最濃郁，且因它又肥又白，人們稱之為「肉蕈」。因此，香菇自然排在烤蘑菇首選之位。

◎食材

香菇
熱油
生薑
橘皮
甜醬
花椒

◎ 做法

一. 香菇洗淨後，切片，在熱水中浸泡約10分鐘。

二. 將香菇撈出，擠乾水分，倒入熱油拌勻。

三. 在香菇中加入適量薑絲、橘絲、甜醬、花椒，抓拌好後醃製1小時。

四. 將醃製好的香菇夾至燒烤石板上，炙烤至雙面微焦即可。

一

二

三

四

製作參考：宋·陳元靚《事林廣記》

肥白肉蕈不以多少，旋浸湯浴過，勿浸多時，輕輕握乾，入熱油攪拌，次入薑、橘絲、甜醬、渾椒各少許，拌和得所淹浸，移時炙鏇上，炙乾，再蘸汁，汁盡為度。

酥瓊葉

暖爐會的主食選了「削成瓊葉片，嚼作雪花聲」的酥瓊葉。很難不懷疑這是一道「意外」得來的美食。前一天沒吃完的饅頭，切成片，抹上手邊的蜂蜜，在火堆上烤上幾分鐘，難以下嚥的冷饅頭變得脆生生、甜滋滋的。楊萬里最愛這種比喻，一手一片拿著花瓣似的，一咬一嚼像踩在雪地上發出的有節奏的咯吱聲。

不役於物，才能把人之情感融於物，才有了詩。

◎食材

隔夜的冷饅頭

蜂蜜

◎做法

一. 將饅頭切成厚度均勻的薄片，均勻地在每一面上塗抹蜂蜜。
二. 將塗抹好的饅頭片炙烤至雙面金黃焦脆。

一

二

製作參考：宋．林洪《山家清供》

宿蒸餅薄切，塗以蜜，或以油，就火上炙，鋪紙地上散火氣，甚鬆脆，且止痰化食。楊誠齋詩云：「削成瓊葉片，嚼作雪花聲。」形容善矣。

洞庭春色①

暖爐會不可無酒。在秋天柑橘剛上市之時，我就迫不及待地把「玉色疑非酒、莫遣公遠嗅」的洞庭春色釀出來了，友人入座，我便拿出這黃柑酒揭蓋，果真「瓶開香浮座」，遠勝葡萄酒。

飲酒聊古人，軼事最多的當屬蘇東坡，聊到興頭上，道聽塗說的故事也懶得考證了，當是有趣的、可愛的都與坡仙有關準沒錯。

黃柑酒的故事，友人覺得最為有趣。說黃柑酒是安定郡王的傳家酒，用的柑橘很名貴，因而非常好喝。喝完，蘇東坡就寫了《洞庭春色賦》，仔細記錄了酒的香色味，後來應該是頗為想念那美味，便自己試圖在家釀造。味道是否一致不得而知，但據蘇東坡兒子說，父親的那黃柑酒，總讓人拉肚子。

① 洞庭春色：指黃柑酒。蘇軾在《洞庭春色賦》引言寫道：「安定郡王以黃柑釀酒，謂之洞庭春色，色香味三絕，以餉其猶子德麟。德麟以飲餘，為作此詩。醉後信筆，頗有沓拖風氣。」大致意思就是蘇軾喝了這了不起的酒，寫了這首詩。這酒是安定郡王的傳家酒，用了洞庭「真柑」，一顆值百錢，非常珍貴。

◎ 食材

橘子
白酒

◎ 做法

一. 取熟透的橘子，洗淨後刮去瓤白，留皮備用。
二. 煮酒時，取數片橘皮放入酒器中一同加熱，即得洞庭春色。

製作參考：宋・陳元靚《事林廣記》

柳丁，取十分登熟者，淨刮去穰；白，取皮。
每煮酒，臨封，次以片許納器中，開飲香味可人。

十二月

「江南江北雪漫漫，遙知易水寒。
同雲深處望三關，斷腸山又山。」

院本橫贉識瘦金
雪溪宛轉荻蘆深
鴛鴦兩兩相隨逐
不為嚴寒異故心

《蘆汀密雪圖》 梁師閔　宋

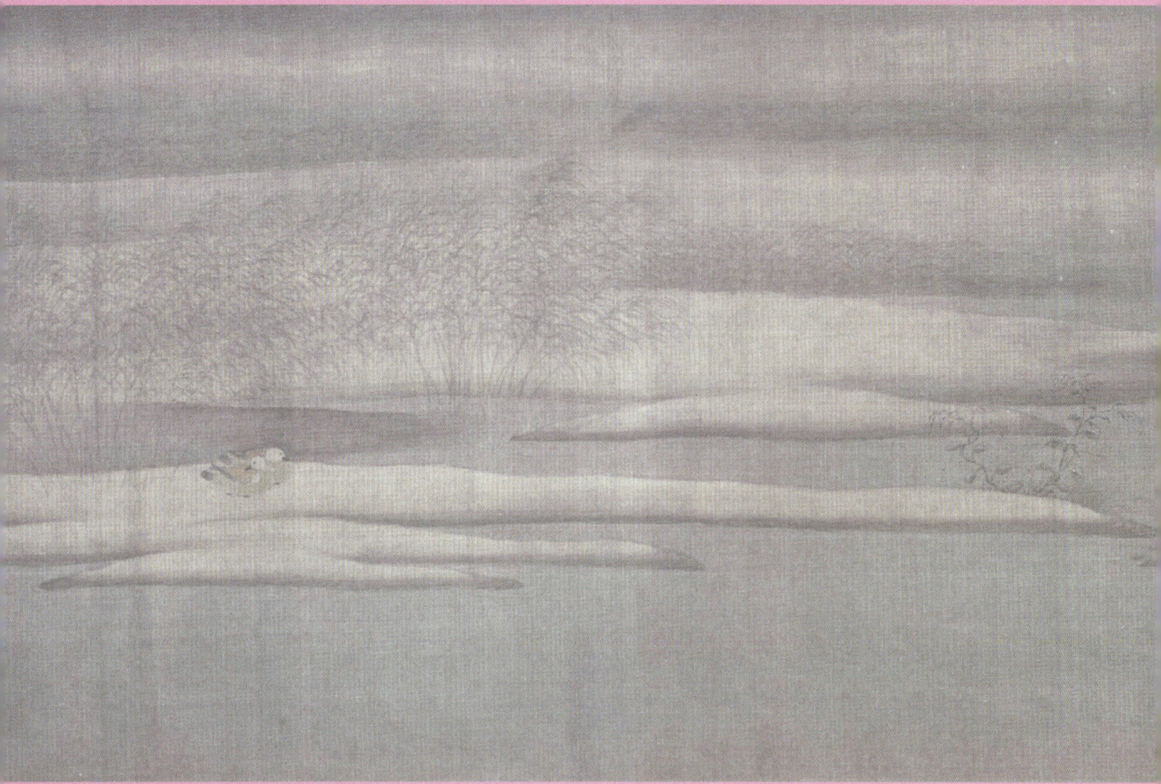

梁師閔蘆汀密雪

算條巴子①

圍爐烤肉的騰騰熱氣隨著客人的離開逐漸消逝，家裡又只剩下我和飯飯應付著日常。

今日大雪，冬雨淅淅瀝瀝地落在窗沿，江上的貨輪只看得見輪廓，白晝暗如黑夜。舊時，冬天會讓很多事變得艱難，食物變少，柴火短缺，病痛易侵……

人們做著最大的努力度過嚴冬，貯存食物，堆積柴火，想出各樣的節慶讓大家聚在一起。彷彿人愈多，壞東西就愈不能近身，我們就愈能快一點送走黑暗，迎來春暖花開。

在我的記憶裡，兒時，好像整個冬天村裡的人都在著急備年貨，熏臘腸臘肉的煙從立冬開始覆蓋村子，一直持續到元旦。將熏好的臘肉排上窗臺，人們才安下心，打點一些其他的年貨等著過年。

父親愛吃臘肉，夾上一塊半肥半瘦的，什麼料也不加，一口咬下去，眯著眼睛嘖嘖稱讚。如果父親下工晚，不想自己再割臘肉蒸煮，便去櫥櫃拿幾塊現成的豬肉脯，配上一碟花生米，下酒。

豬肉脯是甜麻味，有時還會帶點辣，是母親給父親單獨備著的宵夜。甜的肉脯可比老臘肉更讓孩子垂涎，被我們發現了這秘密後，裝肉脯的盒子很快就空了。我們自然免不了被母親一通罵，但從那開始，我們家的櫥櫃裡倒是多了一個裝滿肉脯的鐵蹄盒子。

當別人家屋頂掛著的臘肉讓人安心過冬的時候，我們看著滿盒子的肉脯期待著新的一年。直至今日，衣食不愁的人們依然會安慰別人：熬過冬天就好了，冬天過了春天就來了。

父親沒能熬過這個冬天。

做最大的努力準備好食物，備足衣物，聚集了人氣，最終還是讓病魔帶走了他……

---

① 算條巴子：其名為食物的形狀與製作方法的組合。算條為「運算元」，即古代計算用的籌碼，條狀，3寸長；巴子是古人將肉加以佐料曬乾蒸熟的做法，最初為便於食物貯存而生。其產生的原因與臘肉相似，但口味卻更接近如今的肉脯。

◎ 食材

豬五花500g
砂糖30g
花椒2g
縮砂仁1g

◎ 做法

一. 豬肉肥、瘦對半切開，各自切成條狀。
二. 將花椒、縮砂仁炒香後，磨成粉末，加糖，一起倒入豬肉條中，抓拌均勻，醃製半日。
三. 將醃製好的豬肉在松針上鋪擺開。
四. 在太陽下晾曬至極乾。
五. 洗淨後上鍋蒸45分鐘即可。

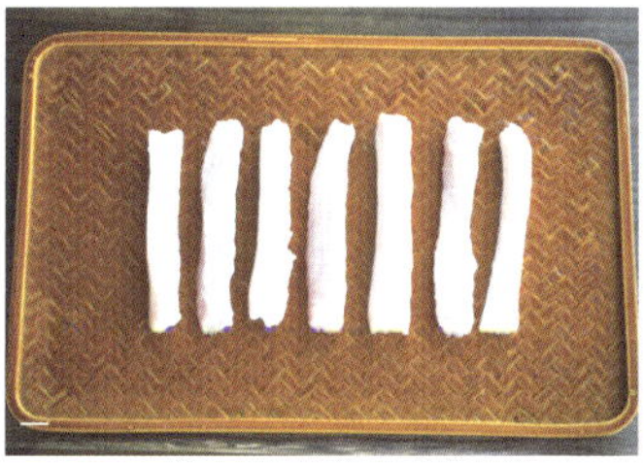
一

二

三

四

五

製作參考：宋．浦江吳氏《中饋錄》

豬肉精肥，各另切作三寸長，各如算子樣，以砂糖、花椒末、宿砂末調和得所，拌勻、曬乾、蒸熟。

冬至①

「休把心情關藥裏，但逢節序添詩軸。笑強顏、風物豈非癡，終非俗」

送走父親後，我本想在老家多留些時日，母親和弟弟妹妹執意讓我帶著飯飯先回杭州。剛回到杭州，丈夫和孩子就高燒不已。我一邊忍痛照顧著病人，一邊責備自己兩頭都沒顧好。我下樓扔垃圾，卻忘了穿大衣，冷得直哆嗦。站在被凍得靜止了似的寒夜裡，眼淚止不住隨著零星的雪渣子一起落在臉上。

回來時飯飯總算睡著了，妹妹心有靈犀般發來了信息：「姐姐，過兩天就是冬至了，寒冷的時刻就要過去了。」

我嗓子和頭都疼極了，心想：「真的嗎？」丈夫也失聲了，我們只能寫字交流。說了一些日常的話後，丈夫給我看了往年冬至的照片，南方沒有吃麵食的習慣，他作為北方人就教大家擀麵做餛飩[②]，我也沒閑著，檢查餡兒還差了什麼料。我又翻看那一道道菜的照片才記起來，原來好多事是今年發生的，卻像過了好久好久。

飯飯已經會坐了，愈發有了自己的主意。父親昏迷的這一年，母親逐漸接受了他隨時會離開的事實。妹妹也訂婚了。這一年我辭掉了工作，照顧襁褓裡的飯飯。於是我今年做了格外多的菜餚。我隱隱感覺到自己的生活在被一件件的事推著走，由不得自己做主，而且它走得太快了，如果我不想辦法抓住它，它便什麼都不會留下。或者說只會留下混沌的記憶。當被灌進腦子裡的不快樂的記憶由具體逐漸變得混沌，回憶裡剩下的多半是散不去的恐懼。

父親的昏迷和飯飯的來臨幾乎同時發生，我難以徹底地悲傷，也難以純粹地喜悅。這大概超出了我描述情感和處理情緒的能力，只是踱著步跟在時間後面，這一天做了什麼，幾乎沒印象。

冬月那時，我回去看望父母，母親在醫院的嘈雜聲和消毒水味中抬起疲憊的臉提醒我：「過年的肉和飯菜別忘了早點準備。」我說，好，便真的在醫院裡就認真思考起年夜飯的菜單來。接著便有了這一年的菜餚。

把好的時節做成形，把感慨和歎息變成嘗得到的味道，借古人的心境治癒自己，重塑具體鮮活的記憶以抵抗混沌帶來的恐懼。

以前的人們以冬至為歲初，自是覺得至暗之後就是光明，「新」從一點點光開始，然後一路明媚。

---

① 冬至：上古時期，冬至是曆元的起始，既是「陰極之至」，又是「陽氣始至」，新的一年從冬至開始；後冬至月與正月分開，但人們對冬至的重視有增無減，一直有「冬至大於年」的說法。宋代的冬至也極為重要，冬至時，皇家祭祀、舉行大朝會、賜宴、赦免天下；民間祭祖祭神，官放關撲，慶賀往來，一如年節。

② 餛飩：餛飩從漢代起就有了，到了唐代，冬至吃餛飩的習俗確定了下來。宋代吃餛飩的花樣特別多，相關史料也比比皆是，比如「貴家求奇，一器凡十餘色，謂之『百味餛飩』」。餛飩也是祭祀的首選食物。

自古就有吃餛飩與天地初始相聯繫的說法：「夫餛飩之形有如雞卵，頗似天地混沌之象，故於冬至日食之。」

百味餛飩

據說餛飩與「天地混沌」有關，陰外陽內，皮「陰」餡「陽」，在水裡如同浮雲不成形。吃下這口餛飩，便是吞了陰暗，破陰釋陽，撥雲見霧。

百味餛飩我最近幾年都做，說是宋代富貴人家求奇，喜歡在菜盤裡呈現多種顏色，「百」字謂「多」，能做10多種顏色的已經是大戶人家了。我家5口人，不算多但正好填滿小屋，每天見炊煙升起就從山上往家趕，一家人圍著桌子吃著熱騰騰家常菜。5種顏色就夠了，足夠富足了。

百味餛飩照往常做了5種顏色的：豬肉白皮餛飩、鱖魚紅皮餛飩、鴨肉丁香紫皮餛飩、辣薑黃皮餛飩、筍蕨[1]綠皮餛飩。

---

① 筍蕨：冬日無新鮮春筍、蕨菜，取收貯的筍乾、蕨菜乾製作筍蕨餛飩。

◎餛飩皮食材

高筋麵粉200g
食鹽3g
水80mL
綠豆澱粉少量

一

二

三

◎餛飩皮做法

一. 麵粉中加入食鹽，混勻，分次倒入水攪成絮狀。
二. 將麵絮揉成光滑偏硬的麵團，發酵約30分鐘。
三. 揉麵約百次後，將其擀薄，邊擀邊雙面撒上綠豆澱粉防粘黏，然後切成9cm×9cm大小的正方形。

◎ 餡料食材

豬腿肉200g
花椒10粒
縮砂仁4顆
香蔥一小把
黃豆醬一小勺
香油一勺
食鹽

◎ 餡料做法

一. 豬腿肉肥瘦分開，分別切細剁成泥。
二. 香蔥切細，用熱油炒香。
三. 將花椒、縮砂仁炒香後研磨成粉末，黃豆醬剁碎，將花椒末、縮砂仁末、黃豆醬、香蔥及香油混合。
四. 將調好的調料倒入豬肉中抓拌，並加適量食鹽調味。
五. 餛飩皮上放上餡料。
六. 餛飩皮四周抹水，將皮對折，然後兩邊收緊（餛飩造型不限）。

製作參考：宋・陳元靚《事林廣記》

白頭麵一斤，用鹽半兩，新汲水和，如落索麵，頻入水，和搜如餅劑，停一時。再揉百十，揉為小劑，骨魯槌捍，以細豆粉為米字，四邊微薄，入餡醮水合縫。下鍋時，將湯攪轉一下，至沸頻灑水，火長要魚津，滾至熟有味，滾熱味短多破餡子。如用豬羊肉，先起去皮後，起去膁並脂，將膁脂剁為爛泥，精肉切作餡，不可留一點脂在精肉上。下椒末並縮砂仁末著中用，以香油、醬、蔥細切打作，炒蔥，勿用生蔥，用之渾氣不可食，入鹽調和鹹淡得所。

◎ 餛飩皮做法

如白皮製作方法，唯一的不同是在和麵時加入3g紅麴粉。

◎ 餡料食材

鱖魚一條
豬肥肉50g
羊肥肉50g
橘皮
花椒10粒
茴香一小把
香蔥一小把
黃豆醬一小勺
香油一勺
食鹽

一

二

三

四

五

六

◎ **餡料做法**

一. 將鱖魚剖洗乾淨後，片下魚腹，並將骨頭剔除，而後將魚肉剁細，豬肥肉、羊肥肉剁細。

二. 將香蔥切細，黃豆醬剁碎，用熱油小火炒香。

三. 將花椒、茴香炒香後研磨成粉末。

四. 將橘皮去白瓤後切碎。

五. 將花椒末、茴香末、橘皮、炒好的香蔥豆醬、香油混合，倒入魚肉中，加適量食鹽調味，抓拌均勻。

六. 依照豬肉白皮餛飩的包製方法，製作鱖魚紅皮餛飩。

製作參考：宋‧陳元靚《事林廣記》

鯉鱖皆可，淨魚五斤，豬膘八兩柳葉切、羊脂十兩骰子塊切、用前饅頭料末（切橘皮一個去穰碎切，椒末、茴香、蔥絲、香油、醬擂細，先將油煉熱，入蔥、醬打炒）拌勻包裹蒸法如右。

（三）鴨肉丁香紫皮餛飩

◎餛飩皮食材

高筋麵粉200g
桑葚乾20顆
丁香10顆
食鹽3g
水80mL

一

二

◎餛飩皮做法

一. 取桑葚乾20顆、丁香10顆，煮水，至呈紫黑色。
二. 將高筋麵粉與桑葚汁、丁香混合，加鹽，揉成光滑麵團。
三. 依照白皮的做法製作紫色餛飩皮。

◎餡料食材

鴨肉2500g
豬肥肉50g
羊肥肉50g
橘皮1瓣
花椒10粒
茴香一小把
香蔥一小把
黃豆醬一小勺
香油一勺
食鹽

一

二

三

四

五

◎ 餡料做法

一. 取鴨胸及鴨腿部分，約半斤，放鍋中煮熟。

二. 將鴨肉煮熟後剁細，豬肥肉、羊肥肉剁細。

三. 將香蔥切細，黃豆醬剁碎，用熱油小火炒香。

四. 將花椒、茴香炒香後研磨成粉末。

五. 將橘皮去瓤白後切碎。

六. 將花椒末、茴香末、橘皮、炒好的香蔥豆醬、香油混合，倒入鴨肉中，加適量食鹽調味，抓拌均勻。

七. 依照豬肉白皮餛飩的包製方法，製作鴨肉丁香紫皮餛飩。

製作參考：

宋·陳藻《冬至寄行甫騰叔》：「鴨肉餛飩看土俗，糯丸麻汁阻家鄉。二千里外尋君話，今日那堪各一方。」

宋·陳元靚《事林廣記》：每造十用鴨肉半斤煮熟，肥者豬膘一兩並切如絲，羊脂切骰子塊，將前件料（切橘皮一個去穰碎切，椒末、茴香、蔥絲、香油、醬擂細，先將油煉熱，入蔥、醬打炒）味拌和包裹。

(四)辣薑黃皮餛飩

◎餛飩皮做法

一. 將南瓜上鍋蒸熟，攪打成泥。
取南瓜泥100g、高筋麵粉200g、食鹽3g混合。

二. 依前法製作黃色餛飩皮。

◎餛飩皮食材

綠豆200g
蜂蜜一小勺
冰糖
生薑
熟油
食鹽

◎餛飩皮做法

一. 將綠豆提前浸泡，直至用手一撚即褪皮。

二. 將所有綠豆去皮後，上鍋大火蒸30分鐘。

三. 綠豆晾涼後，將其擂成泥，過篩備用。

四. 生薑去皮後，磨成泥狀。

五. 將薑泥、蜂蜜、冰糖、熟油、食鹽一同倒入綠豆泥中拌勻，冰糖與食鹽的用量可根據個人喜好確定。

六. 依照豬肉白皮餛飩的包製方法，製作辣薑黃皮餛飩。

製作參考：宋·陳元靚《事林廣記》

綠豆揀淨磨破，水浸去皮蒸熟，研令極細，入蜜、糖、薑汁、熟油、鹽調和味勻。

（五）筍蕨綠皮餛飩

一

二

◎ 餛飩皮做法

一. 將菠菜焯水後研磨成泥，濾汁80g，與高筋麵粉200g、食鹽3g混合。
二. 依前法製作綠色餛飩皮。

製作參考：宋・林洪《山家清供》

采筍、蕨嫩者，各用湯焯。以醬、香料、油和匀，作餛飩供。

◎ 餡料食材

筍乾3片
蕨菜乾20g
黃酒一小勺
醬油一小勺
花椒
茴香
食鹽

◎ 餛飩皮做法

一. 將筍乾、蕨菜乾提前一晚浸泡。

二. 將泡洗好的筍乾撕成細條後切碎，蕨菜乾切碎。

三. 將花椒、茴香炒香後研磨成粉末。

四. 熱鍋熱油，倒入筍乾與蕨菜乾炒香，轉小火加入黃酒、醬油、花椒末、茴香末、食鹽調味。

五. 依前法，製作筍蕨綠皮餛飩。

參考文獻

林洪、章原《山家清供》，中華書局，2013。

陳元靚《事林廣記》，中華書局，1999。

佚名《居家必用事類全集》，中國商業出版社，2023。

吳自牧《夢粱錄》，田遊譯注，二十一世紀出版社集團，2018。

蘇軾《仇池筆記》，華東師範大學出版社，1983。

陳元靚《歲時廣記》，許逸民點校，中華書局，2020。

陶穀《清異錄》（飲食部分），中國商業出版社，2021。

浦江吳氏、曾懿《中饋錄：古法製菜 隱藏的廚娘食單》，上海文藝出版社，2020。

孟元老《東京夢華錄》，譚慧注釋，北京聯合出版公司，2016。

洪邁《糖霜譜：外九種》，上海書店出版社，2018。

周密、朱延煥《武林舊事》，中州古籍出版社，2019。

程傑〈論杭州超山梅花風景的繁榮狀況、經濟背景和歷史地位〉，《閩江學刊》，2012。

孟元老《東京夢華錄》，侯印國譯著，三秦出版社，2021。

曾維華、張斌〈我國古代食品「牢丸」考〉，《河南廣播大學學報》，2013。

范成大《吳郡志》，陸振從校點，江蘇古籍出版社，1986。

龔玉和〈杭州古都文化研究會與恢復花朝節〉，《我們》，2017。

林洪《山家清供：人間有味是清歡》，百花文藝出版社，2019。

卓力《宋代點茶法的審美意蘊研究》，四川師範大學，2018。

林繼富〈端午節習俗傳承與中國人的文化自信〉，《長江大學學報(社會科學版)》，2018。

程民生〈七夕節在宋代汴京的裂變與鼎盛〉，《中州學刊》，2016。

徐海榮《中國飲食史：卷四》，華夏出版社，1999。

任正〈重陽節俗的歷史檢視與當代價值〉，《山西高等學校社會科學學報》，2020。

富察敦崇《燕京歲時記》，北京古籍出版社，1981。

賈思勰《齊民要術》，中華書局，2022。

李時珍《本草綱目》，上海科學技術出版社，1993。

跋

初邱在參照古籍留下的美食做法時非常嚴謹。如有詳盡說明做法的，她會再三確認食材名稱是否古今一致，如做爐焙雞使用的醋，文獻裡並未講明，但考慮到吳氏乃吳越之人，慣用米醋，她便嘗試了好幾種米醋；如未說明做法（《東京夢華錄裡》有不少「提一嘴」的美食），她便會翻閱大量文獻以考證這道菜的傳說中的做法的可信度。

其中自然涉及宋代的文化和習俗，她也儘量根據宋人的思想和生活主題去思考菜的成因和製作方法。

這一道菜一道菜地琢磨下來，本該年初交付的稿件一直反復修改到了年末。

光是文獻，她就看了上萬頁。

琢磨這些食材和做法並不是要出一本考據性質的書，這本書的初衷是關注自己——在與古人「打照面」的過程中更重要的那端是「我」，是自我與歷史產生緊密聯繫。

初邱把這一年多的心路歷程付諸餐桌，不僅串起了四季節序，也回應了力不從心的生活、脆弱卻盎然的生命。

希望這本書有三兩道菜能打動你，有幾種情緒能引起你的共鳴，更希望你也能與歷史、與自然美景產生特殊的聯繫。

VF0137

宋朝的四季餐桌

復刻60多道時令美饌，還原千年前家常滋味

原書名——食宋記

作者——初邱、涯涯
總編輯——江家華
責任編輯——關天林
版權行政——沈家心
行銷業務——陳紫晴、羅伃伶

發行人——何飛鵬
事業群總經理——謝至平
出版——積木文化
台北市南港區昆陽街16號4樓
官方部落格：http://cubepress.com.tw/
電話：886-2-2500-0888　傳真：886-2-25001951
讀者服務信箱：service_cube@hmg.com.tw

發行——英屬蓋曼群島商家庭傳媒股份有限公司城邦分公司
台北市南港區昆陽街16號8樓
讀者服務專線：02-25007718-9
24小時傳真專線：02-25001990-1
服務時間：週一至週五上午09:30-12:00；下午13:30-17:00
郵撥：19863813　戶名：書虫股份有限公司
網站：城邦讀書花園　網址：www.cite.com.tw

香港發行所——城邦（香港）出版集團有限公司
香港九龍土瓜灣土瓜灣道86號順聯工業大廈6樓A室
電話：852-25086231　傳真：852-25789337
電子信箱：hkcite@biznetvigator.com

馬新發行所——城邦（馬新）出版集團
Cite（M）Sdn. Bhd.（458372U）
41, Jalan Radin Anum, Bandar Baru Seri Petaling,
57000 Kuala Lumpur, Malaysia.
電話：+6(03)-90563833　傳真：+6(03)-90576622
電子信箱：services@cite.my

封面設計——Dinner Illustration
內頁排版——傅婉琪
製版印刷　漾格科技股份有限公司

【印刷版】
2025年6月26日 初版
ISBN 978-986-459-684-3

【電子版】
2025年6月
ISBN 978-986-459-686-7 (EPUB)

售價／560元
Printed in Taiwan.

國家圖書館出版品預行編目(CIP)資料

宋朝的四季餐桌：復刻60多道時令美饌，還原千年前家常滋味 / 初邱, 涯涯著. -- 初版. -- 臺北市：積木文化出版：英屬蓋曼群島商家庭傳媒股份有限公司城邦分公司發行, 2025.06
　面；　公分
原簡體版題名：食宋记
ISBN 978-986-459-684-3(平裝)

1.CST: 食譜 2.CST: 飲食風俗 3.CST: 宋代 4.CST: 中國

427.11　　114005625